工业 APP
开启数字工业时代

何强 李义章 ◎ 著

图书在版编目（CIP）数据

工业APP：开启数字工业时代/何强，李义章著．—北京：机械工业出版社，2019.4
（2023.6 重印）
（工业控制与智能制造丛书）

ISBN 978-7-111-62246-8

I. 工… II. ① 何… ② 李… III. 制造工业 - 应用程序 - 程序设计 IV. T-39

中国版本图书馆 CIP 数据核字（2019）第 049384 号

工业 APP：开启数字工业时代

出版发行：机械工业出版社（北京市西城区百万庄大街22号	邮政编码：100037）
责任编辑：佘　洁	责任校对：李秋荣
印　　刷：北京建宏印刷有限公司	版　　次：2023年6月第1版第5次印刷
开　　本：170mm×230mm　1/16	印　　张：18.25
书　　号：ISBN 978-7-111-62246-8	定　　价：79.00元

客服电话：（010）88361066　68326294

版权所有·侵权必究
封底无防伪标均为盗版

本书编委会

主　编：何　强
副主编：李义章
编　委：张卫善　阎丽娟　刘喜莹　阮彩霞
　　　　王振华　熊腾飞　雷　健　郭　瑜
　　　　王书恒　郭朝晖

序一

近年来，由于工业和信息化部的大力倡导和推动，工业 APP 逐渐受到工业领域相关各方的重视和关注，在我国的发展明显提速。本书的出版可谓春风吹来及时雨，无疑会对我国工业 APP 的健康发展产生非常积极的影响。

数字工业是传统工业数字化转型的目标，也是中国工业，特别是制造业，赶上全球先进水平的必由之路。作者提出：工业母机、工业软件与工业技术知识是数字工业的三大支柱，这是对发展数字工业实质的、清醒的认识和准确的把握。就此三大支柱而言，在工业母机和工业软件方面，中国因为起步较晚，"一步赶不上，步步赶不上"，与国际先进水平的差距很大，尚需经年累月地不懈努力，才有可能迈入先进行列。在三大支柱之中，唯独工业技术知识的数字化，或者说工业 APP，差距略小，中国或有可能赶上和引领潮流。本书给出的许多中国工业 APP 发展的实例可以说明这一点。

提到 APP，很多人马上会想到智能手机发明之后移动 APP 的爆炸性发展态势。因为免费或费用低廉、操作简便，APP 很受欢迎，亦随之成为应用软件发展的一种新形态。如本书所言，这类移动 APP 与本书所讨论的工业 APP 不是一个概念，即使后者也可能有移动版本。例如，通用（GE）公司与苹果公司早在 2017 年 10 月就签下了合作协议，要将 Predix 开发的工业 APP 移植到简单易用的 iPhone 和 iPad 平台上；华为公司也是 Predix 数字工业生态联盟的成员之一。

什么是工业APP？本书明确指出，工业APP是软件，又不是软件。说它是软件，因为它是工业技术和知识的软件（或数字化的）表现形式；说它不是软件，因为它的主要开发者不是软件工程师，而是工业人，其主要依赖的不是软件技术，而是工业人的专业知识和经验。20世纪80年代，随着管理信息系统（MIS）的蓬勃发展，技术（包括knowhow）和知识的数字化及其应用，就已经以专家系统（DSS）或知识管理（KM）的形式提了出来。然而，由于一直没有找到合适的知识管理技术手段，难以取得成功。经过近十年的努力，也受移动APP的启发，工业APP成为工业技术和知识软件化的一种比较成功的形式。

工业APP是应用于工业的软件，但是它又不是工业软件。本书对二者之间的区别做了详细的分析和讨论。可以认为，从接近服务对象（即最终产品的层级）来看，工业APP位于工业软件之上。因为，工业APP是将各种"软件化了的工业技术和知识（工业APP创新）"与相关的工业软件有机地集成在一起（集成创新），为完成某个特定产品的研发和设计服务的软件产品。本书展示了一个民用飞机总体设计案例，在这个案例中，需要对数百个工业APP以及CAD、CAE等各种工业软件进行集成组合，以调用大量不同的工业软件完成飞机总体设计各阶段、各相关领域的建模任务；另一个案例则是商用航空发动机的研制，其中，需要动用60个以上的工业软件，包括CAD、CAE及大量的专用工业软件，并与大量的设置规则规范、操作方法、知识、经验及特定格式的数据传递关系等融会贯道，集成于一体。这些工业APP的复杂性和设计难度，可能超出一般人的想象。虽然，随着应用的不同，不同工业APP的复杂程度差异很大，但是无论如何，工业APP的创新性不可低估。

本书对工业APP的定义和意义、典型特征、分类、参考架构做了比较全面和深入的分析；利用系统工程方法，按技术管理、技术、协议、使能4个流程组共24个流程，对工业APP的生命周期进行了详细规范化的描述；从建立工业APP生态模型出发，就政策、人才、生态基础层面，使能环境建设，以及工业APP培育策略三个方面，对我国工业APP的生态建设提出了很多中肯且重要的建议。全书既阐明了工业APP发展的理论基础和工业APP驱动制造业核心价值向设计端迁移的重要性，又以航天、飞机发动机、航空及能源四个领域为例，说明了工业APP对于开启数字工业时代的重要意义，本书非常具有启发性和说服力。全书内容丰富，涉及的知识面很广；理论与实践交叉融合，条理清晰，对于工业APP的发展具有指导意义。

因此，无论对于在一线努力奋斗的工业人、从事相关领域的工程专家和技术人员、创新创业者，还是政府或公共部门的领导干部，本书都有很强的可读性，值得阅读。当然，由于工业APP本身还是一个新生事物，对于本书所讨论的各种问题，不同的读者从不同的体验出发，可能与作者有不同的见解，这不仅自然而且值得欢迎。因为正是有不同意见的碰撞，才有可能推动我国工业APP更好、更快地健康发展。

最后，在强调发展工业APP重要性的同时，我们还应该回到作者所强调的"工业母机、工业软件与工业技术知识是数字工业的三大支柱"这个关键点上，不能忽略工业母机、工业软件的重要性，以及这三大支柱的协调发展，因为缺了这三大支柱中的任何一个，中国的制造业和数字工业都无法挺立于世界。

周宏仁

国家信息化专家咨询委员会常务副主任

2019年2月25日

序二

中国工业自 2010 年踏上世界规模第一的台阶，至今已经十年。然而，大而不强的事实还需要持续努力十几年甚至更长的时间才能改变，由大变强的任务还因为正在发生的制造业历史性变迁而变得更加沉重。这个历史性变迁的方向是数字化、智能化，而数字化、智能化形成和发展的载体、成果的结晶是工业软件。工业软件在中国工业由大变强的过程中扮演着基础和核心的角色。

但是，中国的工业软件还十分弱小。正如本书所指出的，"工业软件尤其是处于核心地位的研发软件基本被国外厂商控制"，"中国在制造业的数字化水平，尤其是高端装备制造业的数字化水平，几乎是建立在使用国外工业软件和品牌产品基础之上的"，"大飞机、高铁、智能手机、汽车，以及'玉兔''嫦娥''蛟龙'和'鲲鹏'们，它们的设计建模、仿真和制造都离不开这些工业软件的支撑。然而，在这些大国重器背后又有多少国产工业软件的影子呢？"按软件行业分类的工业软件，约 90% 依赖进口。

中国的工业软件弱小还体现于研制工业软件的人才、工具、路径、方法和经验的不足，有些领域甚至是空白。如何加快中国工业软件发展的步伐，为中国工业软件发展寻找一条可行的发展道路，为中国工业由大变强奠基？这既是本书的出发点，也是本书的重点。

本书明确指出，系统性地分析整理、抽象提炼工业技术知识，对它们进行系统性整合，形成结合实际应用场景、可解决实际工程问题的应用程序（或应用软件），才是解决工业技术、知识和方法积累与有效应用的手段。这就是所谓的工业技术软件化。而工业 APP 开发则是符合我国国情的一条重要的工业技术软件化实现路径。

本书指出，工业 APP 是为了解决特定问题、满足特定需要而将工业领域的各种流程、方法、数据、信息、规律、经验、知识等工业技术要素，通过数据建模与分析，以及结构化整理、系统性抽象提炼后，基于统一的标准，封装固化形成的一种可高效重用和广泛传播的工业应用程序。

本书详细介绍了工业知识是什么，如何在产品开发设计、制造与其他环节中形成和积累工业知识，以及这些知识在工业软件研发中的作用。书中指出，工业软件基于传统的机械、电气等技术和理论的发展，随着工业产品功能和性能的持续改进，在这个过程中积累知识与方法。没有这样的工业发展基础，工业软件就是无本之木。本书系统介绍了工业 APP 的生命周期和一般开发方法，特别是对研发工业软件具有方法论意义的基于模型的设计（Model-Based Design，MBD）和基于模型的系统工程（Model-Based Systems Engineering，MBSE），以及数字化建模和仿真的作用。

本书系统介绍的工业 APP 开发的方法和模式，对所有有志于工业软件研发，特别是工业 APP 研发的工作者，以及相关的科研、教育、管理工作者，具有重要的参考价值。

是以为序。

杨学山

工业和信息化部原副部长，北京大学教授

2019 年 1 月 28 日

序三

中国制造业大而不强，面临从价值链的低端向中高端、从制造大国向制造强国迈进，在创新能力、质量、产业优化升级、工业基础、工业数字化水平等方面亟待提升。此外，中国制造业又受到两头挤压，发达国家目前提倡再工业化和制造业回归，新兴发展经济体又以低成本给中国制造业带来极大压力。与此同时，新一代的信息通信技术快速发展并且与制造业深度融合，给中国制造业升级带来了历史性机遇。工业APP正是信息技术与工业技术深度融合的重要手段，发挥着拄动中国制造业升级的基础和关键作用。

本书明确指出，要创造一流的产品，必须以各专业领域的工业技术、知识和方法做支撑，它们才是企业的核心竞争力。工业APP是承载工业知识和经验、满足特定需求的工业应用程序，它将工业技术知识和方法模型化、模块化、标准化和软件化，高效地实现工业技术知识驱动产品的创新开发和制造。通过知识驱动来带动中国制造业升级，这是本书的基本出发点。

本书创造性地引入系统工程方法，应用系统思维来认识和研究工业APP以及工业APP生态，从工业APP的本质出发，详细阐述了工业APP的定义、特征，并对相关概念进行了详细辨析，这有助于我们清晰地认识和了解工业APP。尤其是对工业APP生命周期流程的描述，第一次系统性地阐述了工业APP的开发、应用以及相关使能环境，对工业APP开发以及工业APP生态环境建设具有重要的指导意义。工业 APP 需要比较完整的生态支撑才能发挥更大的价值,本书以政策牵引为核心,构建工业 APP 生态建设模型,在不同参与主体、生态基础建设、使能环境以及策略等方面,无不体现系统性思维,这为工业 APP 生态建设以及工业 APP 培育工程落地提供了最有价值的参考。

很欣慰能从本书的应用案例中了解到工业 APP 在航天、航空发动机等领域的应用,及其产生的重大、积极的效果和价值。就我所了解到的情况,航天领域的很多科研院所已经开展了多方面的工业 APP 的研发与应用,这些应用都带来了明显的价值。"知识驱动制造"一直是所有工程人员孜孜以求的,工业 APP 让"知识驱动设计""知识驱动生产""知识驱动管理""知识驱动运维"成为现实。工业 APP 在工业领域的广泛应用将带来产品研制效率和质量的提升,更重要的是将更多的高技术、高技能人才从事务性和重复性的工作中解放出来,这必将带来一次基于知识创新的爆发,并带动中国制造业升级,完成由大到强的蜕变。

期望本书为推动我国工业 APP 技术、产业与应用的发展做出积极的贡献。

李伯虎

中国工程院院士

2019 年 1 月 31 日

前言

信息技术不断推动着工业领域的快速发展，现代工业正从自动化工业时代走向数字工业时代。工业母机、工业软件与工业技术知识已成为数字工业的三大支柱，其中尤以工业技术知识为基础的基础。而工业APP作为工业技术知识的载体，已成为数字工业时代的核心驱动力，是推动中国制造走向自主创新的关键。

李克强总理在2017年10月30日主持召开国务院常务会议，通过《深化"互联网 + 先进制造业"发展工业互联网的指导意见》(下文简称《指导意见》)，以促进实体经济振兴、加快转型升级。到2020年，我国要支持建设一批跨行业、跨领域的国家级平台，以及构建一批企业级平台，培育30万个以上的工业APP（即工业应用程序），推动30万家企业应用工业互联网平台；到2025年，形成3～5家具有国际竞争力的工业互联网平台，实现百万工业APP培育以及百万企业上云。

为落实《指导意见》，2018年4月27日工业和信息化部发布《工业互联网APP培育工程实施方案（2018—2020年）》。力争在2019年12月前，面向特定行业、特定场景的工业APP规模达到10万个，培育和部署一批具有重要支撑意义的高价值、高质量工业APP。到2020年12月，培育30万个面向特定行业、特定场景的工业APP，涌现出一批具有国际竞争力的工业APP软件企业，对繁荣工业互联网平台应用生态、促进工业提质增效和转型升级的支撑作用初步显现，并在组织保障、政策引导、资金支撑三方面给予大力支持。

从当前情况看，业界对于工业APP的认识还有待统一与加强。工业界与信息技术界对工业APP存在不同的认知，不同行业、不同领域的人也对工业APP有着不同的理解，导致经常在技术交流与沟通中难以形成统一意见。为了解决这一问题，我们联合多家工业领域研究所与制造企业的一线专家、工业解决方案专家和IT专家，并在工业与信息化部有关领导的指导下，开展了本书的编撰工作。

作者所在的公司从2006年起就专业从事工业知识组件、工业技术软件化以及工业APP的理论探索、技术研究、平台开发和工程实施。十几年来，工业APP及平台化应用的相关理论、平台与工程应用已经遍及航空航天、电子、船舶、汽车、零部件、通用机械、发动机与核能等多个行业的研发、制造与运维领域，得到了行业的认可，并助推相关企业在工业数字化征程上大步前进——工业APP与平台化应用的理论得到了实践检验。在编写本书的过程中，作者充分地结合了工业APP的相关理论研究成果与实践应用。

在本书编写过程中，得到了来自航天、航空、电力、航空发动机、汽车、通用零部件等领域多位专家的支持。同时，也吸收了其他行业领域以及更多同行对工业APP的观点。

为了有效地整合多行业、多领域以及来自不同视角的观点，成书过程中，我们应用系统工程的流程与方法，并参考和借鉴系统工程相关标准，应用系统思维，将书中涉及的工业APP、工业APP生态等作为系统对象进行研究，尽量从不同视角并考虑不同利益相关方的诉求，对工业APP进行描述。由于篇幅及主题的限制，关于工业APP生命周期流程的内容并没有全面展开。

作为工业技术知识的载体，工业APP是工业技术软件化的成果，以及工业化与信息化紧密融合的结晶。为了方便读者理解，书中引用了大量的工业应用案例，力求内容丰富、图文并茂、观点突出、行文简练，以便读者快速了解工业APP，认识其价值，区分容易混淆的概念，并对工业APP开启数字工业时代以及生态建设等问题有清晰的认识。

但是，工业体系本身庞大复杂，工业技术博大精深，行业跨度广泛，应用场景千变万化。由于作者在知识积累、视角以及工业APP认知等方面的局限，书中内容难免存在错误，希望各位读者提出宝贵的意见和建议，共同推进工业APP的应用和发展，共同推进我国制造业的升级。

何强

2019年1月

目录

序一
序二
序三
前言

第一章 | **数字工业时代** / 1

    数字经济与数字中国 / 3
        美国的数字化进程 / 4
        数字中国新征程——从"消费驱动型"到"工业驱动型" / 10
    数字工业时代来临 / 16
        数字技术改变工业 / 16
        工业数字化转型 / 20
        工业APP全面开启数字工业时代 / 26

第二章 | **工业APP** / 34

    工业领域的四类模型 / 36
    什么是工业APP / 41
        工业APP概念研究 / 41
        工业APP的定义 / 46

工业 APP 的典型特征　/ 48
　　工业 APP 的本质　/ 50
　　工业 APP 的分类　/ 52
　　工业 APP 举例　/ 55
工业 APP 的参考架构　/ 61
　　工业品生命周期维度　/ 63
　　技术要素维　/ 66
　　软件化维　/ 68
　　应用维　/ 71
工业 APP 架构内涵　/ 74
工业 APP 与工业软件　/ 77
　　工业 APP 与移动消费 APP 的区别　/ 78
　　工业 APP 与工业软件的区别　/ 79
　　工业 APP 与专家系统的区别　/ 84
工业 APP 与工业互联网平台　/ 85
　　工业互联网和工业互联网平台　/ 85
　　工业 APP 赋能工业互联网平台　/ 86
　　工业互联网平台为工业 APP 提供工业操作系统　/ 87
　　工业互联网平台为工业 APP 生态提供载体　/ 88
工业 APP 的意义与价值　/ 89
　　工业 APP 对中国制造的价值　/ 89
　　工业 APP 对产业的价值　/ 90
　　工业 APP 对企业的价值　/ 91

第三章 | 工业 APP 生命周期流程　/ 97

概述　/ 99
　　工业 APP 的一般生命周期流程　/ 99
　　工业 APP 生命周期流程应用与裁剪　/ 101
技术管理流程　/ 104
　　顶层体系规划流程　/ 104
　　知识计量流程　/ 106
　　评估评价流程　/ 107

  质量保障流程 / 110

 技术流程 / 111

  知识特征化定义 / 112

  APP 实现 / 118

  验证确认与交付 / 124

  APP 应用 / 125

  优化迭代 / 135

 协议流程 / 136

  众包流程 / 136

  APP 分享流程 / 138

  APP 交易流程 / 139

 使能流程 / 141

  APP 保护与促进流程 / 141

  质量管理流程 / 142

第四章 | 工业 APP 生态建设 / 143

百万工业 APP 培育工程 / 145

工业 APP 生态体系模型 / 147

参与主体及主要活动 / 149

 政策引导 / 150

 人才培养与"百万工业 APP 大讲堂" / 151

 工业 APP 的技术转化与认证 / 152

工业 APP 生态基础建设 / 154

 工业 APP 体系规划 / 154

 基础工业软件（工业建模引擎）/ 162

 工业互联网平台 / 164

工业 APP 使能环境建设 / 165

 APP 标准体系 / 165

 评估评价体系 / 168

 APP 质量体系 / 169

 安全保护体系 / 171

工业APP众包环境 / 174
工业APP开发环境 / 175
工业APP交易环境 / 181
工业APP应用环境 / 181

工业APP培育策略与建议 / 183

技术支撑，夯实工业APP发展基础 / 183
生态引领，优化工业APP发展环境 / 184
工业APP培育三级策略 / 184

第五章 | 工业APP开启中国数字工业新时代 / 188

工业APP开启航空发动机数字化研发新模式 / 191

应用背景与概况 / 192
工业APP助力数字航空发动机研发 / 192
工业APP在数字航空发动机研发领域的应用效果 / 207

工业APP助力数字"快舟"腾飞 / 210

应用背景与概况 / 210
工业APP在快舟火箭开发中的应用 / 211
工业APP的应用价值与推广效果 / 221

工业APP促进工装数字化设计升级 / 224

应用背景与概况 / 224
工业APP在工装数字化设计中的应用 / 225
工业APP在生产工艺领域的应用效果与价值 / 228

工业APP在设备远程数字化保障中的应用 / 230

应用背景与概况 / 230
工业APP在多能互补远程设备维护中的应用 / 231
工业APP在设备远程维护领域的应用效果与价值 / 239

工业APP在钢铁行业的应用 / 242

应用背景与概况 / 242
领域知识表达——从知识特征化到工业APP / 243
钢铁行业典型的工业APP应用 / 244

第六章 | 工业 APP 驱动制造业核心价值向设计端迁移　/ 247

从中国制造到中国创造　/ 251

推动制造业核心价值向设计端迁移　/ 255

工业 APP 与新技术融合促进数字工业发展　/ 258

　　工业 APP 与语义集成促进数字工业知识智能匹配　/ 258

　　机器学习结合工业 APP 促进工业知识整合和自我进化　/ 259

　　5G 时代的工业 APP 加速数字工业互联互操作　/ 263

后记　/ 266

参考文献　/ 269

第一章

数字工业时代

自迈入第四次工业革命时代，信息技术正在深度改造着工业体系。建模与仿真、人工智能、大数据、物联网、智能终端、云计算、虚拟现实等技术，正逐步与工业深度融合，加速工业模式转型，实现数字化、网络化和智能化制造，工业正在向创新、绿色、高质量的协同方向发展。

在信息技术改造工业的同时，工业的数字特征也日益增强，并最终形成一种新型工业形态——数字工业。

数字工业是采用数字建模与仿真、软件定义、数字控制、虚拟现实等数字技术，对工业产品、工业设施设备，以及工业技术知识进行描述、分析、计算、仿真与应用，并通过物联网、大数据与人工智能实现泛在连接、虚实融合与智能分析，改善工业产品设计、生产、运行、维护和管理过程，提升工业体系效能的一种新型工业形态。相比传统工业，数字工业强调建模与仿真，强调虚实融合，强调对工业技术知识的数字化描述与应用，使得数字工业具有更高效率并拥有前所未有的体系效能。数字工业正是借助于数字技术改变工业体系、提升工业体系效能的一种形态。

数字经济与数字中国

当今世界,信息技术创新日新月异,谁在信息化上占据制高点,谁就能够掌握先机、赢得优势、赢得安全、赢得未来。没有信息化就没有现代化[一]。随着大数据、云计算、物联网等新一代信息技术取得重大进展,新的人工智能应用场景不断被开发和挖掘,数字经济与传统产业深度融合,成为推动我国经济发展的强劲动力。

数字经济(digital economy)一词最早出现在唐·泰普史考特(Don Tapscott)于1996年出版的《数字经济:智力互联时代的希望与风险》一书中。1998年4月15日,美国商务部发布了《正在兴起的数字化经济》,该报告概述了因特网的发展和广泛应用给美国信息技术及其产业带来的发展,从而使信息产业在美国积极发展中的重要性迅速增加,数字化经济正在兴起。

根据《G20数字经济发展与合作倡议》的定义,数字经济是指以使用数字化知识和信息作为关键生产要素、以现代信息网络作为重要载体、以信息通信技术的有效使用作为效率提升和经济结构优化的重要推动力的一

[一] 国家互联网信息办公室. 数字中国建设发展报告(2017年)[R] .2018.

系列经济活动。根据《中国数字经济白皮书》的定义,数字经济是继农业经济、工业经济之后的更高级经济阶段。数字经济是以数字化知识和信息为关键生产要素,以数字技术创新为核心驱动力,以现代信息网络为重要载体,通过数字技术与实体经济深度融合,不断提高传统产业数字化、智能化水平,加速重构经济发展与政府治理模式的新型经济形态⊖。

作为当今经济大国,美国的信息技术始终是数字经济发展的重要驱动力——从1946年诞生的第一台电子计算机到1974年微机应用到数控机床,从ARPANET到工业互联网,从1945年的冯·诺依曼结构到2006年云计算概念,再到现在云网端的全新架构,从交互式图形学的研究计划到如今完善的工业软件体系。计算机、数控机床、计算机辅助设计软件、互联网以及工业互联网等基础技术都最先出现在美国,美国在消费领域和服务业以及制造业的数字化都得到了充分的发展,互联网巨头和行业巨头共同驱动,引领了数字经济的发展。

美国数字经济发展模式为其他国家提供了很好的启示。中国数字经济在基础研究和制造业领域存在明显不足,中国数字经济亟须向工业驱动型转变。

美国的数字化进程

美国的数字化进程是其历史上最快速、最波澜壮阔的经济和社会变迁。根据美国商务部数字经济咨询委员会发布的《数字经济的度量》报告,截至2015年7月,53%的美国人使用智能手机,79%的家庭接入宽带,88%的在校大学生使用互联网。数字科技正在改变消费、交易、互动、组织和工作方式⊜。

⊖ 中国信息通信研究院.中国数字经济发展白皮书[R].2017.
⊜ 王滢波.美国商务部数字经济咨询委员会:数字经济的度量[OL].https://www.sohu.com/a/161206740_731643.

企业、员工和个人使用数字工具可以提高效率和收入，对宏观经济指标、收入增长和其他产出带来深刻影响。数据的资产性质正在得到快速提升，得数据者得天下⊖。

此外，人们从诸如搜索引擎和社交媒体等免费获得的在线服务和数字商品所产生的价值更是不可估量。

根据中国信息化百人会发表的《中国数字经济报告》，2016年美国数字经济的规模约为11万亿美元，占GDP比重约为59.2%。

（1）信息基础设施

20世纪90年代，克林顿政府高度重视并大力推动信息基础设施建设和数字技术发展，引领世界进入数字时代。时任副总统戈尔在全球率先提出了著名的"信息高速公路"和"数字地球"的概念。1993年9月，美国政府公布"国家信息基础设施行动计划"，信息高速公路战略开始落地。

（2）消费和服务领域

由于美国互联网技术的崛起，互联网在消费领域和服务业得到了广泛应用，数字技术进一步突破了空间和时间上的约束，涉及电子商务、社交网络、搜索引擎、出行、医疗服务、电子政务等领域，全球化能力被极度放大。

根据阿里研究院发布的《2018全球数字经济发展指数》报告，截至2017年6月，Facebook的月活动用户已超过20亿，覆盖了全球27%的人口。

1997年7月1日，克林顿政府发布《全球电子商务纲要》，在全球范围内掀起了电子商务的热潮。美国的互联网用户约为2.4亿，约3/4的互联网用户属于网购人群，网购渗透率达到71.6%，51%的美国人喜欢网络购物。根据eMarketer的统计与预测，2015年美国电子商务销售额为3430亿美元，比2014年增长15%，2017年美国电子商务销售额达到4506亿美元，

⊖ 刘晶晶. 得数据者得天下 [J]. 中国信息化周报，2015（36）.

2018 年为 5258 亿美元㊀。随着手机和平板电脑的广泛应用，移动端电子商务（通过智能手机和平板电脑）的销售额增长迅速。2016 年移动端电子商务销售额为 1159 亿美元，比 2015 年增长 37.1%，占总电子商务销售额的 23.7%，预计 2020 年将达到 3358 亿美元。其中，亚马逊在美国电子商务市场中占有重要地位，2017 年其销售额达到 1960 亿美元，占领 43.5% 的市场份额，到 2018 年年底，亚马逊在美国的电子商务零售额达到 2582 亿美元，占领 49.1% 的市场。亚马逊、eBay、苹果、沃尔玛、家得宝、百思买、QVC Group、梅西百货、Costco 和 Wayfair 等是美国电子商务市场前十的明星企业，深入到了各个领域。

1993 年 9 月，电子政务（electronic government）一词首次出现在美国政府文件《创造一个效率更高、成本更低的政府：从繁文缛节到结果导向》中。从"开放政府"到"开放数据"，再到 2012 年 5 月，美国白宫发布《数字政府战略》，要求政府机构"建立一个 21 世纪平台，更好地服务美国人民"。正如奥巴马在《数字政府战略》中所言："我希望我们每天都问自己，我们怎样才能利用科技真正改变人们的生活？"

（3）工业领域

美国的数字产业发展成熟、基础设施配套完善，尤其在基础科研的数字化以及数字产业生态的布局方面领先，信息技术领域的基础研究、应用型专利，以及技术的商业转化能力全球领先，这种能力造就了"美国的数字经济发展是由互联网巨头和行业巨头双轮驱动的"㊁。

基于强大的互联网技术以及在消费产业的广泛应用经验，在互联网和实体工业对接后，美国将大数据采集、分析、反馈以及智能化生活的全套数字化运用引入工业领域；充分利用数字的价值，通过先进的传感器、控

㊀ 2017 年、2018 年美国电子商务市场总额数据根据 eMarketer 发布的亚马逊 2017 年及 2018 年电子商务销售额及其在美国市场占比数据计算得出。

㊁ 阿里研究院 .2018 全球数字经济发展指数 [OL]. http://www.cbdio.com/BigData/2018-09/20/content_5842460.htm.

制器和软件应用程序将现实世界中的人、机器、设施设备、生产线等工业生产要素互联，颠覆传统制造业的设计、生产、保障与服务方式。

在制造业，基于自20世纪50年代以来的各种技术突破，美国从20世纪80年代开始，开展了一系列制造业数字化战略与计划，图1-1列举了美国自20世纪50年代以来在制造业领域的技术突破与主要的数字化战略。

从1952年第一台三坐标硬件数控立式铣床开始，到CAD概念的提出，再到1969年DARPA开发的ARPANET网络系统上线，美国在设备、工业软件和网络上的技术突破，奠定了其工业领域数字化的坚实基础。1974年，微处理器在数控机床的应用促进了数控机床的普及应用和飞速发展，随着20世纪80年代开始逐渐兴起的CAD/CAE工具软件在制造业中的应用，美国制造业界掀起了制造业数字化的一波又一波高潮。1990年，由波音、洛·马、通用动力等著名公司发起成立的NCOSE（国家系统工程委员会，是INCOSE的前身），确立了系统工程方法在复杂装备研制中的核心地位，并开展正向设计。至此，美国在设施设备、工具软件、互联网络以及方法论四方面做好了充分的工业领域数字化准备。

美国政府于1993年实施了"先进制造技术（AMT）计划"，以提高美国制造业的竞争力。1995年美国政府实施了为期5年的"敏捷制造使能技术（TEAM）战略发展计划"，每年投资3000万美元。

美国机械工程师协会从1997年1月起发起关于三维模型标注标准的起草工作，2003年7月，被美国机械工程师协会接纳为新标准（ASME Y14.41），波音公司在787项目中开始推广使用该项技术。从设计开始，波音公司作为上游企业，全面在合作伙伴中推行基于模型定义（MBD）技术。采用MBD技术后，波音公司在管理和效率上取得了质的飞跃。

2004年美国政府启动了"下一代制造技术计划"（NGMTI）。NGMTI是美国军方和重要制造企业合作发展制造技术的计划，旨在加速制造技术突破性发展，以加强国防工业的基础和改善美国制造企业在全球经济竞争中的地位。

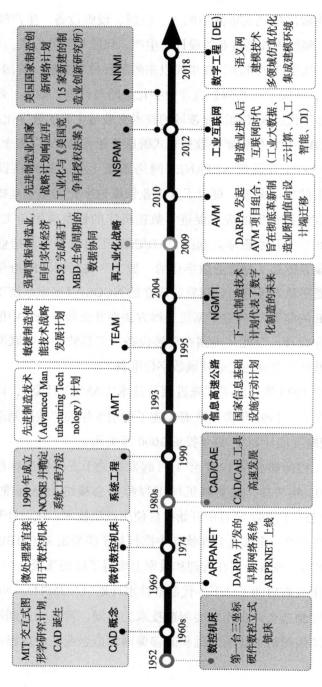

图 1-1 美国制造业的数字化战略历程

2009年，时任总统奥巴马提出了"再工业化战略"，强调回归制造业，重整实体经济。2009年12月美国国防部和国家标准与技术研究院举办了"基于模型的企业"首脑会议和数据包（MBE/TDP）技术研讨会。基于数字模型而不是二维图纸的全生命周期管理，B52首次完成了基于MBD的数据协同。

美国政府于2011年6月正式启动了"先进制造伙伴计划"，同年12月宣布成立制造业政策办公室，并于2012年2月制定了《先进制造业国家战略计划》(NSPAM)。

2012年，联邦政府与产业界、学术界以及独立专家合作，共同创建了美国国家制造创新网络（NNMI），现称为美国制造业计划（Manufacturing USA）。2012年，美国政府建立了首个制造创新机构，即美国国家增材制造创新中心。

2014年10月，美国总统科技咨询委在《加速美国先进制造》的报告中建议政府在先进制造促进工作上要整体参与并协调一致。国会在2014年12月16日也做出响应，《振兴美国制造与创新法案》成为法律，NNMI正式成为法定计划。NNMI计划将使美国重建厚实的制造能力网络。

为应对复杂多变的威胁环境，促进复杂系统设计和交付的转型，美国国防部系统工程司在2018年6月公布了数字工程（DE）战略计划，推行集成的数字化措施，建设系统数据和系统模型的权威来源，作为支持所有利益相关方生命周期活动的跨学科连续统一体，在集成度更高的虚拟工程环境中促进投资者和供应商之间的合作。

美国在信息基础设施建设、消费服务领域的数字化应用，尤其是制造业领域的数字化推进，为我国数字经济建设提供了很多好的参考——消费/服务领域与制造业齐头并进，互联网巨头与行业巨头双轮驱动，尤其是对基础科研和产业布局更应该足够重视。

数字中国新征程——从"消费驱动型"到"工业驱动型"

全球知名调研机构 IDC 此前曾对 2000 位跨国企业 CEO 做过一项调查，结果是到 2018 年，全球 1000 强企业中的 67%、中国 1000 强企业中的 50% 都把数字化转型作为企业的战略核心。

通过数字化治理，加快企业内部流程、业务模式、规范、知识、数据等方面的整合与优化，企业逐渐转变为创新驱动或数据驱动的组织，使得企业的决策和发展更具洞察力和行动力。

2018 年 5 月，国家互联网信息办公室发布《数字中国建设发展报告（2017 年）》，总结了十八大以来数字中国建设取得的重大成就和基本经验。其中包括：信息领域部分核心技术创新突破，集成电路、操作系统等基础通用技术加速追赶，人工智能、大数据、云计算、物联网等前沿技术研究加快，量子通信、高性能计算等取得重大突破；新一代信息基础设施实现跨越式发展，移动通信在 2G 跟随、3G 突破、4G 赶超的基础上，有望实现 5G 引领，建成全球最大的固定光纤网络、4G 网络，IPv6 规模部署提速，天地一体化信息网络加快构建；数字经济拓展经济发展新空间，"互联网 +"行动深入推进，新技术、新业态、新模式不断涌现，分享经济蓬勃发展，网络零售、移动支付交易规模位居全球第一，数字经济规模位居全球第二；一批重大任务落地实施，一批事关全局和长远的重大工程加快研究部署。

2017 年我国数字经济规模达 27.2 万亿元，占 GDP 的比重达到 32.9%，成为驱动经济转型升级的重要动力引擎[⊖]。

1. 在消费领域，中国数字经济的规模领跑

面向消费者的行业和与政府相关的行业的数字化程度高。在公用事业方面，2013 年中国已经成为世界上最大的智能电网市场。2015 年，智能

⊖ 国家互联网信息办公室. 数字中国建设发展报告（2017 年）[R]. 2018-5-9.

电表使用量约 3.1 亿户，普及率达到 80% 以上。2017 年我国网络零售额达 71751 亿元，农村电商实现网络零售额 1.24 万亿元。这些都是数字经济的巨大成就。

全球权威调研机构麦肯锡发布的一份名为《数字时代的中国：打造具有全球竞争力的新经济》报告揭示了中国数字化增长的速度。中国的数字化已经走在前沿，在电子商务方面，中国在十多年前只占全球交易额的不到 1%，如今已超过了 40%。据估算，目前中国的零售电商交易额已超过法、德、日、英、美 5 国的总和。

报告指出，在消费和零售、汽车与出行领域，数字化可以转移（创造）相当于 10% 至 34% 的价值；在医疗保健领域，数字解决方案可以用来建立以患者为中心的系统；在货运和物流领域，可以通过数字技术更快、更便宜地服务客户。上面的一组组数据充分阐述了数字中国的发展与建设成就。

2. 在制造领域，数字化水平存在较大差距且基础脆弱

改革开放以来，我国实施了一系列制造业信息化专项工程，推动制造业设计数字化、制造装备数字化、生产过程数字化以及管理数字化，数字技术在制造业已经得到比较广泛的应用。根据 2018 年《政府工作报告》，在制造业领域，软件定义、数据驱动、平台支撑、服务增值、智能主导的特征日趋明显。制造业数字化水平由 2015 年的 14.2% 增长到 2017 年的 17.2%。我国规模以上工业企业数字化研发设计工具普及率达到 67.4%，关键工序数控化率达到 48.4%。

虽然这些年数字化建设成效显著，但是不得不看到，我国在制造业领域数字化水平还相当低。根据 IDC 的数据显示，超过 50% 的中国制造企业的数字化尚处于单点试验和局部推广阶段。大多数企业的数字化基础薄弱，产品创新能力低下；工业软件尤其是处于核心地位的研发软件基本被国外厂商控制；高端数控机床被国外品牌垄断，数控系统、伺服系统、机床控制器、主轴系统等核心部件与国外存在极大的差距；高端装备的关键材料

和核心部件还必须依赖进口。中国在制造业的数字化水平，尤其是高端装备制造业的数字化水平几乎是建立在使用国外工业软件和品牌产品基础之上的，缺乏对核心技术的掌握，基础极其脆弱。

（1）在工业软件领域

这些年 CAD/CAE/CAM/CAPP 软件在制造企业已经得到比较广泛的应用，通过"甩图板"完成了从传统的设计图板到 2D 电子图板的过渡，并从 2D 向 3D 转换，近些年，基于模型的设计（Model-Based Design，MBD）与基于模型的系统工程（Model-Based Systems Engineering，MBSE）已经在一些基础较好的行业领域开始尝试应用，这些应用改变了传统的设计模式；MES/ERP 在上规模的企业中已经得到广泛应用，随着国家和地方政府鼓励企业上云等各种政策措施的出台，对中小企业利用工业互联网平台促进企业设计、生产、经营与管理数字化起到了很大的推动作用。

但是，就如同我国没有掌握芯片核心技术一样，在工业软件领域我国同样没有掌握核心技术。国内在管理软件和嵌入式系统方面的成果相对比较显著，但是对于制造业工业软件来说，管理软件的门槛相对比较低，真正的核心还是研发设计和制造领域的 CAD/CAE/CAM 等软件。无论多么高端的装备、多么精密的仪器、多么复杂的电路，包括飞机、高铁、智能手机、汽车，以及"玉兔""嫦娥""蛟龙"和"鲲鹏"们，它们的设计建模、仿真和制造都离不开这些工业软件的支撑。然而，在这些大国重器背后又有多少国产自主工业软件的影子呢？

这类工业软件的核心需要建模与仿真、大量的基础数学物理算法研究来支撑。仅仅是一个几何建模引擎就已经成为一道难以逾越的坎，国内仅有一家企业具有知识产权，其他都采用"授权"方式使用国外建模内核。

国外软件经过几十年的实践积累、迭代优化，已经形成技术代差。国内即便研发出功能和性能都不错的工业软件，但由于少了几十年在应用上的锤炼，在可操作性、稳定性等方面与国外软件存在差距而少被用户接受。图 1-2 列举了 2017 年中国市场研发设计及工业软件的市场份额与产品比例，可看出研发设计和工业软件市场已经基本被国外产品垄断。由于国内对知识产权保护力度不够，盗版软件的存在让国产工业软件更是雪上加霜。

再加上国内在基础研究以及工业软件开发研究上缺乏关注，研发投入普遍非常少，容易导致大家对发展中国自主工业软件失去信心，这才是对中国工业软件的最大打击。

有幸，这些年还有一批国内工业软件企业一直在努力、咬牙坚持，如Modelook、Sysgraph Modeler、Mworks、CAXA、Sinovation、中望、FEPG、SiPESC（JIFEX）、HAJIF、紫瑞CAE以及一些研发平台软件等，并逐渐取得了一些成效。

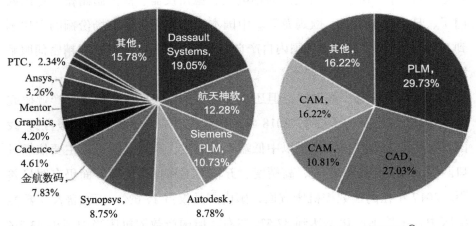

图1-2　2017年中国市场研发设计及工业软件市场份额与产品比例[○]

（2）在工业设备领域

在工业设备领域，这些年取得了比较不错的成绩，中国机床产值居世界第一，国产数控系统已占领我国经济型数控系统95%以上的市场份额。在中型数控系统领域，国产数控系统的功能已达到或接近国外同类产品水

○ 王云后. 中国工业软件发展现状与趋势 [J]. 中国工业评论，2018（2-3）：58-63.

平，市场价格和售后服务较国外产品仍有较大的优势，市场占有率也在不断攀升。但是，中国机床工业大而不强，与世界先进水平还存在很大差距。在高档数控系统方面，国产数控系统的市场占有份额较少，绝大部分市场被发那科、西门子、三菱和德马吉等国外品牌占领。

根据赛迪顾问发布的数据，2013年，在数控系统领域，其中全球一半的数控机床使用日本发那科数控系统，高端数控机床领域超过七成采用西门子数控系统，两者共占据82%的市场，三菱数控系统还占有超过10%的份额，前3强企业的产值占行业总产值的90%以上。在伺服系统领域，中高端产品主要集中在西门子、德玛吉、日本安川、三菱、山崎马扎克；机床主轴系统主要集中在德国西门子、海德汉、西班牙法格、日本发那科、三菱；机床控制器主要为美国通用电气、德州仪器、法国施耐德、德国西门子、日本三菱电机、欧姆龙等。中国本土企业在全球市场份额的占比不到8%，且绝大多数为中国国内自产自用，以低端数控系统、非精密伺服系统、一般控制电器为主[一]。

虽然这些年有一些发展，但还是没有根本性改变。根据伙伴产业研究院（PAISI）发布的《2017-2018年中国智能制造产业发展研究报告》，我国自主生产的数控机床主要以中低端产品为主，高端数控机床主要依靠进口。国内数控系统在高速、高精度、五轴加工和智能化等方面仍有明显差距。2017年在高端数控机床方面，国内产品仅占17.6%，而在普及型数控机床中，虽然国产化率达到87.5%左右，但国产数控机床当中超出83.2%使用国外数控系统、88.5%使用进口伺服系统/电动机。

国产数控设备在高速高精度运动控制技术、动态综合补偿技术、多轴联动和复合加工技术、智能化技术、高精度直驱技术、可靠性技术等方面都存在着明显的差距[二]。

在高端装备的核心制造领域，中国数字经济存在明显的不足，单纯的

[一] 王镓垠.2014年中国机床电子市场[J].装备制造，2014（12）.
[二] 薛鹏程.数控加工技术现状和发展趋势研究[J].科技经济导刊，2018，26（35）：71.

消费驱动将带来明显的"虹吸"效应，如果数字技术不能应用在制造业并带来明显的效率提升和价值增值，将会有越来越多的制造业实业遭受生存挤压，中国经济将受到严重影响。因此，中国数字经济亟须向制造业大力拓展。

3. 中国数字经济亟须从"消费驱动型"向"工业驱动型"转变

对于"数字中国"，一是"数字描绘中国"，即借助数字技术对已经存在但通过传统行政及技术手段难以发现的现象和规律的总结呈现。二是"数字改变中国"，即通过数字技术的广泛运用，对社会运行方式和人民生活方式带来的一系列变化。三是"数字驱动中国"，即在生产制造领域应用数字技术所带来的生产方式、生产效率和产品质量的本质提升㊀。

中国已经是消费驱动型数字经济的全球领导者。但是，中国工业在数字化方面落后于发达经济体。制造业是国民经济的主体，是立国之本、兴国之器、强国之基。《中国制造2025》是我国实施制造强国战略第一个十年的行动纲领，作为制造业门类最完整的国家，中国早已经是制造业大国，但还远不是制造业强国。如何弥补数字化在中国制造业领域的短板，是《中国制造2025》对"数字中国"提出的课题。

用数字技术驱动中国工业高端制造领域的研发、设计、制造与运行维护的模式转变与变革，推动数字中国从消费驱动型向工业驱动型转变，中国数字经济必须快速步入数字工业时代。

㊀ "数字中国"迈向3.0时代——访工信部信息中心李德文 [J]. 大数据周刊，2018-6-11.

数字工业时代来临

数字技术为工业、农业、服务业以及人民生活都带来了巨大的变化。从数字地球到数字中国，从"数字描绘中国"到"数字改变中国"，再到"数字驱动中国"，在工业领域应用数字技术带来生产方式、生产效率和产品质量的本质提升。

数字技术给工业领域带来的深刻变化不仅仅是简单的数字技术在工业领域的应用，更深刻的影响是数字技术重塑了工业技术体系，以软件定义、模型化、工业APP（知识组件化）在内的一系列数字技术和成果，将数字中国推进到数字工业时代。数字技术改变了工业，工业领域也积极谋求数字化转型，二者相互融合形成数字工业。

数字技术改变工业

数字技术改变工业体现在数字技术对工业产品本身的改变、对工业品生命周期过程的重构、对工业运行模式的改变、对工业品有形边界的突破，以及对整个工业技术体系的重构五方面。

1. 数字技术改变了工业产品本身

数字技术改变工业产品本身主要体现为在产品数字化的基础上，通过"软件定义"实现的产品智能化。如图 1-3 所示，工业产品从以前常见的单一机械产品，逐步转变为涉及机械、电子、嵌入式软件等多领域并带有自动控制、智能控制的新型工业产品，工业产品在各种使用场景中发挥出了更强的功能和性能；"软件定义"使得工业产品能够实现功能重构及功能的自适应配置，从而表现出更多的适应性和智能。

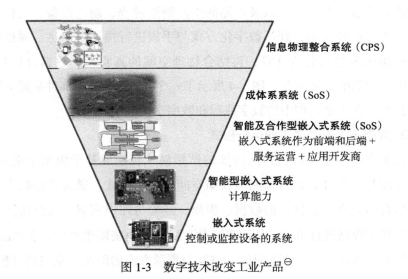

图 1-3　数字技术改变工业产品⊖

数字技术使得产品从传统的物理空间扩展到数字空间，并实现数字物理空间融合，产品本身也从传统的实物产品变成实物产品与数字产品的融合。数字技术使得产品本身的形态、功能都得到了根本的改变。

2. 数字技术改变了工业品生命周期过程

数字技术的使用，尤其是图形化交互技术、计算机辅助技术、建模与仿真等技术的应用，催生了新的产品设计理论，并行设计、敏捷方法、基

⊖ 乌尔里希·森德勒（Ulrich Sendler）. 工业 4.0：即将来袭的第四次工业革命 [M]. 邓敏，李现民，译. 北京：机械工业出版社，2014-7-1.（作者根据原书图片改编）。

于模型的系统工程（MBSE）等产品设计与研制理论应运而生。基于计算机辅助技术、建模与仿真等技术将工业产品和各种工况数字化后，可以利用数字技术将原本在实物出现后才能完成的各种试验验证提前到产品开发的早期阶段，尽早发现问题；并基于数字孪生（digital twin）将产品在制造与运行等实物环节的信息进行虚实融合分析，做到"一次成功"。在从一个（idea）到概念、设计、生产、运行和维护等过程中，数字化手段改变了工业产品的整个生命周期过程的描述与表达，从抽象的理念到模糊的概念，再到确定的方案与设计，以及产品的生产制造过程、制造设备、运行环境等。从产品设计开始，利用数字化方式与手段进行描述与表达，通过数字空间的虚拟表达与分析计算，再结合物理空间的真实产品数据分析对比，实现生命周期的虚实融合。图1-4展示了一个3D打印的零部件从建立数字孪生开始，在生命周期中的数字线程和数字孪生应用。

3. 数字技术改变了工业运行模式

数字化将工业运行模式从传统的试错模式转换成基于模型早期验证、基于建模与仿真计算进行预测与权衡空间决策的模式。通过构建数字化模型，结合前人在工业领域的数据、规律、经验与知识积累，进行仿真分析计算并基于数据进行决策，从而更高效、更快捷地获得想要的工业产品。

数字技术突破了工业在时间、空间与资源方面的限制，众包设计模式、云制造模式、远程可预测性维护等新模式涌现。

4. 数字技术突破了工业产品的有形边界

传统的工业产品通常都具有有形的边界，数字技术突破了工业产品传统的数据信息交互模式，通过产品与产品、产品与环境、产品与人之间的数据获取、分析、交互、执行等，实现工业生产要素（包括人、设施设备、生产线、物料等要素）之间的互联互通，突破工业产品原有的边界。越来越多的工业产品构成了一个更加复杂的体系，涌现出更多的新特性，从而为创新提供了更多的可能。

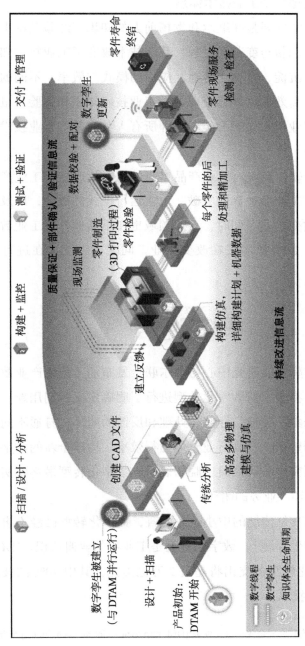

图 1-4 数字孪生在生命周期中的融合①

① Mark J Cotteleer, Stuart Trouton, Ed Dobner. 3D opportunity and the digital thread: Additive manufacturing ties it all together[J]. Deloitte insights, 2016.

5. 数字技术重塑整个工业技术体系

工业技术的不断发展是在继承和发扬前人的知识、经验基础上，经过学习、转化吸收、创新与变革的过程。数字技术改变了工业技术知识和经验的记录、获取、沉淀、转化、传播、应用的模式与效率，不同的个体与组织都可以方便、高效地从外界获取各种工业技术知识和经验，也可以向外界分享自己的工业技术知识和经验，即所有人共建整个工业技术体系并从中受益。

数字技术通过软件定义对工业产品本身的智能化改变、工业产品生命周期过程的重构、工业品边界的突破、工业运行模式的改变，以及工业技术体系的重塑来改变工业。同时，工业领域也在不断地开展工业数字化实践与转型。总之，数字技术正在改变工业，同时，工业也在进行数字化转型。

工业数字化转型

根据我国国务院发展研究中心与戴尔联合发布的《传统产业数字化转型的模式和路径》报告，对数字化转型进行了明确定义：利用新一代信息技术，构建数据采集、传输、存储、处理和反馈的闭环，打通不同层级与不同行业间的数据壁垒，提高行业整体运行效率，构建全新的数字经济体系。国务院发展研究中心研究员王晓明表示，数字化转型最终要实现两个闭环，即数据的闭环和业务的闭环。

对传统企业尤其是传统的中小企业而言，数字化转型已经不再是一道选择题，而是一道生存题[1]。数字化转型是工业界的普遍认识。IDC 估计，到 2019 年，数字化转型的支出将超过 2 万亿美元，其中 40% 的技术支出将用于数字化转型技术。

---

[1] 李红. 数字化转型重塑企业信息化使命 [OL]. http://www.ciotimes.com/index.php?m=content&c=index&a=show&catid=220&id=133047.

针对工业企业来说，数字化转型需要完成三项关键内容，第一是从需求定义、概念开发、产品设计、生产制造到运维保障的生命周期业务闭环（包括技术闭环和技术管理闭环），并将知识应用到业务闭环中；第二是企业在整个产业链上的业务闭环；第三是支撑产品整个生命周期和产业链的数据闭环，以及基于生命周期和产业链数据形成知识。

中国汽车工程学会产业发展研究院运营总监冯锦山介绍："在研发和设计阶段，数字化的比例已经达到90%，但在制造阶段，数字化水平还低于研发和设计阶段。"不仅汽车行业如此，也不仅仅中国如此，国内外制造业不同行业领域都在开展工业数字化转型。

1. GE数字工业

2012年GE公司提出了"数字工业"的概念，该公司首席执行官杰夫·伊梅尔特（Jeff Immelt）这样说："在这个新工业时代，每一家工业公司都应该成为软件与分析公司。"随后便开始了向数字工业前进的历程。GE努力推动工业世界和数字世界的融合，以机器和软件无缝协作引领工业的变革——数字工业，并在2015年成立了GE Digital，从组织上保障数字工业的推进与实施。

在GE所给出的数字工业描述中，数字孪生、数字线程（digital thread）、商业模式创新是数字工业的三大核心。

- 创造数字孪生：实现物理机械和分析技术的融合，利用数据和分析来创建每个关键流程和实体设备的数字孪生，它将成为数字化的基础，使企业降低成本并提供一致的品质。
- 启用数字线程：贯穿全生命周期，从产品设计、生产到运维无缝集成，为客户创造一个持续改进的良性循环。
- 商业模式创新贯穿整个工厂和车间：重构OT（Operation Technology，即运营/运维技术）和IT能力，改进现有业务，将新的数据驱动的产品推向市场，并通过新的基于成效（outcome）的商业模式进行创新。

2. AVM 彻底革新制造业

美国研究发现，在同样的复杂度下，由于涉及的工业技术门类庞杂，防务装备的研制周期和成本随着复杂度的增加会成倍增加，而集成电路行业一直保持不变，摩尔定律仍然发挥作用，如图 1-5 所示。2010 年美国国防部高级研究计划局（DARPA）发起旨在彻底改变现代设计与制造的自适应运载器创建（Adaptive Vehicle Make, AVM）项目组合，支持复杂 CPS 设计，以支持下一代制造业的发展。其口号是"彻底革新制造业"，目标是通过彻底变革和重塑装备制造业，将复杂防务装备的研制周期缩短到现在的五分之一。

AVM 项目由四大部分构成：Meta（集成设计框架）、C2M2L（模型与组件库）、iFAB（自适应制造）、Vehicleforge.mil（众包平台）。

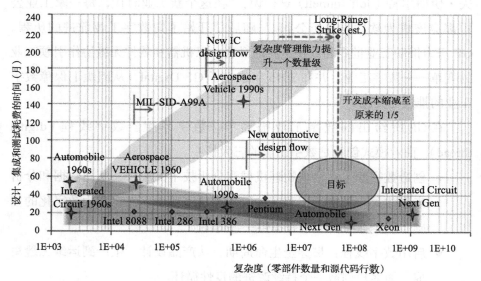

图 1-5　系统复杂性带来的挑战

AVM 项目有三个愿景：

减少复杂系统开发时间。通过提高复杂系统的设计抽象层次，基于模型的设计与验证使得产品设计一次成功；基于模型库与组件库支持方案构想，将已有技术和知识封装成集成和定制的组件，通过在设计中的快速重用，实现设计周期压缩、快速需求收敛，以及面向复杂性和自适应性的优化。

将附加值比重向设计端迁移。通过数字技术的自适应快速建造（iFAB），解决产品复杂多变与高效率、大规模制造的矛盾。通过评估系统设计方案，自动化配置由数据驱动的可编程制造能力。在产品的加工生产中，通过数据流配置工厂加工能力，使得设计方案间可以快速转换。而企业将主要的精力用于产品的设计。

设计众包。支持复杂 CPS 设计，以支持下一代制造业的发展：允许在全球社区共享的思想；同时保护专有信息的在线平台——新兴工业网络，彻底改变现代设计和制造，目标是开发一个众包平台，使全球化的专家社区能够设计和快速制造复杂的系统。

2012 年 4 月 5 日，GE、MIT 与 DARPA 宣布合作，共同建设 Vehicleforge.mil ——新的众包平台将支持工业互联网中全球专家基于专业知识的协作与交互，带来更好的创意、更健壮的产品设计和更短的导入时间。这个众包平台成为 GE 建设工业互联网的关键部分。

2013 年，在 AVM 平台上已成功借助社会化力量完成水陆两栖装甲车辆的原型制造和验证，从项目验证效果来看，车辆装备的研制周期从原先的 87 个月（7.25 年）缩短至 17 个月（1.4 年），研制费用降低至原先的 60.6%。之后，项目团队将 AVM 技术和平台应用到 Boing777 电力系统（EPS）设计中，将研发速度提升了 3.8 倍。Boing777 的实际应用进一步印证了，AVM 技术和平台不仅适用于军用车辆装备研制，也可以应用于航空、航天和舰船等复杂装备领域。

值得特别说明的是，目前 AVM 项目成果已经转入美国国家制造创新网络计划（NNMI），成为美国政府的公共服务平台。

AVM 项目的目标是用数字技术彻底革新现代制造业，该项目对于工业的数字化转型的核心启示在于：①将工业技术与知识组件化，使得在产品研制过程中可以快速重用，缩短时间；②基于模型与知识组件进行复杂产品研制，使得产品设计、仿真、试验、工艺、制造等活动全部在一个协同的数字空间完成，尽量实现一次设计成功，从而大幅度缩短研制周期、降低研制成本；③采用众包平台，使得设计、仿真、试验、工艺、制造基于互联网实现大规模自适应协作，提高行业的整体协作效率和资源利用率；④基于语义集成实现自适应匹配，通过语义技术，自适应匹配模型与组件、制造资源等。

3. 美国国防部"数字工程"战略

为应对复杂多变的威胁环境，促进复杂系统设计和交付的转型，美国国防部系统工程司在2018年6月公布了"数字工程"战略计划，推行集成的数字化措施，建设系统数据和系统模型的权威来源，作为支持所有涉众生命周期活动的跨学科连续统一体，在集成度更高的虚拟工程环境中促进投资者和供应商之间的合作。

"数字工程"战略缘起于2014年在NASA喷气动力实验室举行的一场MBSE专题讨论会。在专题讨论会上，致力于复杂工程系统开发的有政府背景的系统工程合作组织（IAWG）发起了"基于模型的数字工程"。

基于模型的数字工程在工程功能执行过程中使用数字化工件、数字化环境和数字化工具，其目的是支持组织从基于文档的工程过程向能够提供更高柔性、敏捷性和效率的数字化工程过程转型。

通过"数字工程"战略的实施，美国国防部系统工程司希望借助建模仿真和计算的力量实现五方面的期望：

1）增强透明度，促成洞察，影响采办决策。
2）促进不同利益相关方之间的沟通。
3）加深对设计与自适应性、柔性和经济可承受性等生命周期属性的理解。
4）增进对能力发挥预期作用的信赖。
5）提升采办和工程实践的效率。

为实现这些期望，"数字工程"战略计划安排了5个方向，共14个领域的推动计划。

1）在支持企业和项目决策的规范化模型开发、集成和应用方面，推动三个领域的建设：①规范化模型设计；②规范化开发、集成和组织模型；③使用模型支持生命周期工程活动和决策。具体措施包括规范化开发系统设计方案的数字化呈现；开发可信、精确、完整、可靠的模型；集成和组织跨学科模型，形成支持模型驱动生命周期工程活动的连续统一体；以模型为载体沟通、协作和执行全生命周期工程活动等。

2）在建设定义持久、权威真实数据源方面，推动三个领域的建设：①定义权威真实数据源；②监管权威真实数据源；③在生命周期内使用权威真实数据源。具体措施包括设计和开发权威真实数据源；建立权威真实数据源的权限和控制；执行权威真实数据源的治理；使用权威真实数据源作为技术基线；使用权威真实数据源生产支持评审和决策的数字化制品；使用权威真实数据源进行协作和沟通等。

3）在引入技术创新、提升工程实践方面，推动两个领域的建设：①建立端到端的数字工程企业；②使用技术创新提升数字工程实践。具体措施包括引入使能端到端数字工程企业的技术创新；使用数据提升认知、洞察和决策；发展先进的人机交互等。

4）在创建使能设施和环境、执行涉众间活动、协作和沟通方面，推动三个领域的建设：①开发、完善和应用数字工程 IT 基础设施；②开发、完善和应用数字工程方法论；③ IT 基础设施安全和知识产权保护等。

5）在支持全生命周期数字工程的文化和技能转型方面，推动三个领域的建设：①提升数字工程知识库；②领导和支持数字工程转型；③创建和培训团队。具体措施包括制定先进的数字工程政策、指南、规范和标准；推进无缝的合同、采购、合规和商务实践；创建和共享最佳实践；沟通和执行数字工程愿景、战略；在政产学间建立联盟、联合体和合作伙伴；开发量化指标，提升实际效果；开发团队知识、能力和技能；确保主动参与和实现承诺等。

数字技术改变了工业的技术体系、工业运行模式、工业品本身以及工业品生命周期过程，借助数字技术可突破工业品本身的边界，形成更大的工业生态体系；而工业领域也在积极接受数字技术的改变，并向工业数字化转型推进，数字技术与工业领域的深度融合形成了一种新的工业形态——数字工业。数字工业的出现将中国的数字经济推进到工业驱动型的"数字中国"阶段。

工业 APP 全面开启数字工业时代

工业母机、工业软件、工业技术知识是现代工业的三大基石。工业的数字化特征从 20 世纪 40 年代工业设备的数字化控制开始，再到 20 世纪 60 年代交互式图形学的研究计划中提出的 CAD 概念，同时，工业母机与工业软件先后步入数字化进程，并在 20 世纪 80 年代以专家系统形式开始尝试工业技术知识的数字化。专家系统的道路非常曲折，直到工业技术软件化与工业 APP 出现，从而解决了现代工业三大基石中关于工业技术知识的数字化，现代工业才全面进入数字工业时代。

1. 工业母机（工业设备）数字化

1948 年，美国帕森斯公司在研制加工直升机叶片轮廓检查用样板的机床时，提出了数控机床的设想，后受美国空军委托与麻省理工学院合作，于 1952 年试制了世界上第一台三坐标硬件数控立式铣床，其数控系统采用电子管。自 1960 年开始，德国、日本、中国等都陆续开发、生产及使用数控机床，中国于 1968 年由北京第一机床厂研制出第一台数控机床。1974 年微处理器直接用于数控机床，进一步促进了数控机床的普及应用和飞速发展。工业的数字化特征在工业母机上得到快速发展与应用。

随着工业母机（工业设备）数字化的不断发展，工业设备运转速度和控制精度不断提高，单机柔性和单元柔性化与系统化方向的发展不断提升，如出现了数字化多轴加工中心、换刀换箱式加工中心等具有柔性的高效加工设备；出现了由多台数控设备组成底层加工设备的柔性制造单元（Flexible Manufacturing Cell，FMC）、柔性制造系统（Flexible Manufacturing System，FMS）、柔性加工线（Flexible Manufacturing Line，FML）。

到目前为止，随着人工智能在计算机领域不断渗透和发展，工业设备的数字化已经开始向智能化、网络化方向发展。

在新一代的数字化工业设备中，由于采用进化计算（evolutionary computation）、模糊系统（fuzzy System）和神经网络（neural Network）等控制机理，可以实现自适应控制、负载自动识别、工艺参数自生成、参数动态补偿、智能诊断、智能监控等功能。

此外，工业设备网络化将极大地满足柔性生产线、柔性制造系统、制造企业对信息集成的需求，出现了新的制造模式，如敏捷制造（Agile Manufacturing，AM）、虚拟企业（Virtual Enterprise，VE）、全球制造（Global Manufacturing，GM）的基础单元。2010年，在由DARPA发起的AVM项目组合中，提出了如图1-6所示的通过数字技术的自适应快速建造（Adaptive through Bits，iFAB），其利用网络化平台，解决了产品需求的复杂多变与高效率、大规模制造之间的矛盾。

通过评估系统设计方案，自动化配置由数据驱动的可编程制造能力，一方面为设计者提供可制造性反馈，另一方面可实现制造能力的网络化配置。

2. 工业软件数字化进化

从早期的工程知识与方法的积累，到20世纪60年代美国麻省理工学院提出的交互式图形学的研究计划，以及CAD（Computer Aided Design，计算机辅助设计）的诞生，随后大量CAE、CAM软件相继诞生，再到ERP、PLM等工业管理信息系统的出现，工业软件带来了巨大价值，工业巨头们先后投身于工业软件开发，逐渐形成了完善的工业软件体系，贯穿产品整个生命周期不同阶段的应用——工业软件数字化进程得到了极大的推动与应用。

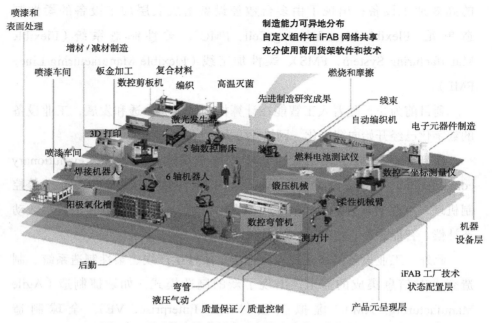

图1-6 通过数字技术的自适应快速建造（来源：AVM）

（1）工业技术知识大量积累奠定了工业软件基础

欧美国家在传统的机械、电气等技术上获得巨大发展，理论基础得到了提升，并改进了工业产品的功能和性能。同时现代工业理论初步形成，积累了大量如图1-7所示的工程制图知识与方法。没有这个基础，工业软件就是无本之木。

图1-7 早期工程制图

（2）平面绘图工具软件出现

20世纪60年代，美国麻省理工学院提出交互式图形学的研究计划，1963年Ivan Sutherland（伊凡·萨瑟兰）在麻省理工学院开发的Sketchpad（画板）是一个转折点，自此CAD诞生。

随着计算机的发明，NASA等开始尝试进行CAD探索性应用，图1-8展示了早期的CAD软件在航空航天领域的应用，这一行动极大加快了一些设计的计算过程；当20世纪80年代PC逐步普及时，如VersaCA等一些企业开始探索开发较大型的工业软件。以AutoCAD为代表的通用工业软件的出现加速了工业软件数字化在工程实践中的应用。

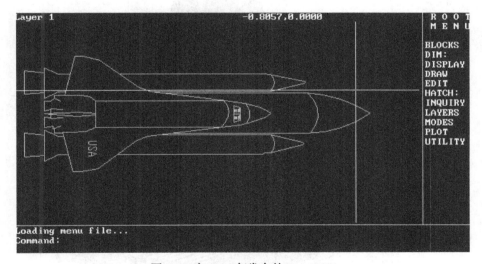

图1-8　在1985年发布的AutoCAD

（3）三维CAD出现

在20世纪60年代曲面造型、实体造型等技术就开始发展，到90年代末，起源或发展自航空等领域的一系列三维CAD软件（如图1-9所示）因为计算机的普及在21世纪初得到了广泛应用。

（4）仿真软件快速发展期

在21世纪初，以ANSYS为代表的一系列仿真公司大量收购CAE相关公司及其软件，形成了面向各领域的仿真软件。此时，如图 1-10 所示的各种动力学、强度、流体、热、电磁、控制、机械加工工艺仿真等 CAE 及加工仿真工具软件大量出现。

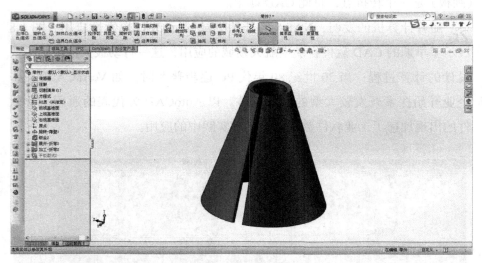

图 1-9　三维设计软件

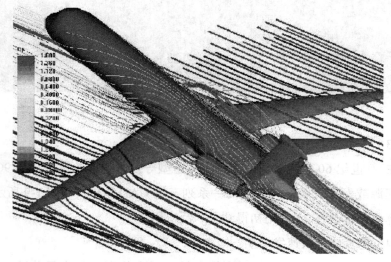

图 1-10　仿真分析软件

我国在此期间也开展了一些工作,并取得一定的进展。我国的CAE产生于20世纪50年代后期,由于大型水电工程刘家峡大坝的应力分析需要,当时中国科学院计算技术研究所三室成立了专门的大坝计算系统研究组,通过集体攻关,比较圆满地完成了刘家峡大坝应力分析计算任务。有限元方法在我国的创立与大坝应力分析直接相关。

20世纪70年代中期,大连理工大学研制出了DDJ、JIFEX有限元分析软件(见图1-11)和DDDU结构优化软件;航空工业部研制了HAJIF;北京农业大学李明瑞教授研发了FEM软件。80年代中期,北京大学袁明武教授通过对国外SAP软件的移植和重大改造,研制出了SAP-84。当时国内知名的CAE软件主要是JIFEX、HAJIF、FEPS、BDP、SAP、FEM、FEPS等系统。

图1-11 我国自主研制的仿真软件

(5)企业管理系统广泛应用

尽管从20世纪70年代工业发达国家就提出了计算机集成制造系统(CIMS),但直到90年代之后才在大量理论支撑下得到了较好的应用,各种MES、ERP等应用兴起(如图1-12所示),各种生产过程管理和企业供应链管理等能力得到了增强。

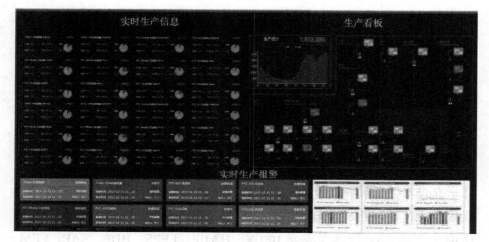

图 1-12　生产过程监控软件

（6）工业软件体系的形成

随着工业软件在工程实践中的广泛使用，工业软件带来了巨大的价值，如西门子、达索、SAP、MSC、ANSYS 等越来越多的工业巨头参与到工业软件的开发中来，通过一系列并购整合，形成了各自相对完整的工业软件体系。

通用工业软件急需快速发展。随着工业软件规模和应用的拓展，相互之间的边界将日益重叠，所以工业软件兼并兴起，大量软件通过相互合并形成了如图 1-13 所示的通用软件系统。如达索、西门子等形成了覆盖了全部或者大部分产品研制过程的系列产品，其内部兼容性得到大量改善，但其对外壁垒则逐步增强。

与此同时，各行各业都大量使用各种通用工业软件。数字化成为企业提高竞争力的必由之路。企业在设计、仿真、试验、生产、运维、产品全生命周期协同、营销、企业管理等各方面均大量探索数字产品的应用，数字工厂初步形成。

3. 工业 APP 弥补了工业技术知识的数字化

工业母机、工业软件先后走上数字化道路，并且随着信息技术的发展飞速进步。但是作为现代工业三大基石之一的工业技术知识，由于其大多植根于人们的头脑之中，隐于无形，而一直难以数字化。

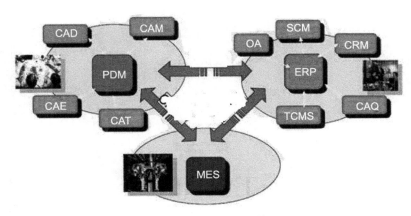

图 1-13　典型工业软件体系

随着信息技术的发展，工业技术软件化概念应运而生，即用做软件的方法将信息化与工业化融合，利用组件化技术、微服务和工业互联网，将散布于不同人头脑中的工业技术知识组件化与显性化以形成工业 APP，实现工业技术知识的数字化。

由此一来，构成现代工业的三大支柱——工业母机、工业软件、工业技术知识都先后步入数字化道路，现代工业也就步入全面数字工业时代。工业 APP 的出现弥补了现代工业走向数字工业的最后一个也是最重要的基础，工业 APP 开启了全面数字工业时代。

那么，究竟什么是工业 APP，工业 APP 有哪些特征，它又是如何开启全面数字工业时代的呢？我们将在后续章节一一向读者呈现。

第二章

工业 APP

Industry APP

将工业技术知识数字化、软件化，可形成各种各样工业APP。工业APP的出现填补了现代工业三大支柱——工业母机、工业软件、工业技术知识——在工业技术知识数字化上的不足，开启了全面数字工业时代。

本章从工业领域的四类模型出发，对工业APP的概念、定义、参考架构，以及工业APP与其他概念的区别、意义与价值等进行了全面阐述。

在工业APP这个概念出现之前，APP已经在消费领域和服务业广泛应用，而且数量非常庞大。不同于移动互联网与消费领域APP，工业APP具有非常明显的工业领域特色。那么工业领域APP到底有什么特色呢？我们需要首先从认识工业领域的模型开始。

工业领域的四类模型

美国的国家战略一直把"数字化建模和仿真"作为核心战略[1]，几十年来从来没有停止过行动，从 1995 年开始加速数字化建模和仿真创新战略，到 2005 年提出计算科学，2009 年提出依赖建模和仿真，2010 年高性能计算涉及建模和仿真，以及现在的先进制造伙伴计划等。2014 年美国总统科技委员会对确定的 11 个关键领域，根据其对国家的影响等指标进行打分，其中可视化、信息化和数字制造是三大关键领域，它们都围绕着数字化建模和仿真。

一直以来，业界在谈论数字工业或者工业互联网的过程中，对于其中的工业模型认知得都不是很清晰。这里引入系统思维，从系统的视角来分析工业过程。图 2-1 描述了在工业领域按照一般的工业逻辑所涉及的四类工业模型。

这四类模型分别是对象模型、过程模型、领域知识模型（包括但不限于机理模型）、数据驱动的模型（定性描述模型）。对工业领域四类模型的描述，为人们认识工业 APP 的本质、明确区分工业 APP 特征与边界提供了有效的视角。

---

[1] 林雪萍，赵敏. 工业软件黎明静悄悄："失落的三十年"工业软件史 [OL]. http://www.sohu.com/a/214139579_290901.

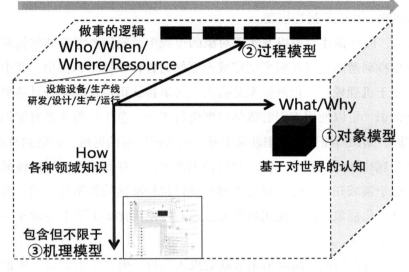

图 2-1　工业领域的四类模型

从系统的视角来看，在一般的工业逻辑中，首先是基于人们对世界的认知，也就是利用在认识世界的过程中所积累的各种工业技术知识，定义和描述工业品对象。这就要用到对象模型——工业界首先要回答对象"是什么"（What）和"为什么是"（Why）的问题。

对象模型主要应用在产品研发过程中，必须首先说清楚"What"问题，这是正向设计和自主研发的前提。仿制作为后来者追赶的一种手段，我国也经历了这一阶段。但在很长一段时间中，我国工业基础薄弱，什么都缺，任何东西都需要，解决有无成为首要问题，经过几代人几十年拼搏奋斗，最后建立了门类齐全的工业体系，从一个落后的农业国变成制造业大国。但我国制造业"大而不强"，根本原因就在于我们缺乏从源头描述对象"是什么"和"为什么是"的能力，也就是缺乏自主研发、正向设计的能力。这正是我国制造业在数字工业时代要重点解决的问题。

其次，当定义并描述清楚"What"和"Why"之后，接下来就是安排人（Who）、时间（When）、地点（Where）与资源（Resource）以完成该对象的做事逻辑，也就是过程模型。

第三，即在描述对象以及实现对象的过程中，我们要考虑如何将对象描述得更准确清晰，以及将事情完成得更好的各种领域知识模型，其中包括但不限于机理模型。机理模型是指人们对事物认识得比较充分且透彻的那部分知识，可以使用确定的数学模型进行表达。鉴于目前业界对知识外延的扩展，知识所覆盖的范围非常丰富，通常把做事的逻辑、失败的教训、经验性和规律性的认知等也归为领域知识范畴。一些经验性、规律性的知识虽然属于领域知识范畴，但是不容易进行比较准确的模型化表达；有些部分经过简化抽象，可以使用数学方法进行建模，比如工业上经常使用的各种经验公式等。

第四，当人们把产品做出来后就会投入运行，但由于人们对现实世界认知的局限性，它一定不会尽善尽美，再加上外部环境、运行条件都在不断变化，所以在运行过程中一定会涌现出新的特性、问题或缺陷。对于这些新特性和新问题，我们可能还没有认识透彻，不知道其机理。但是我们可以基于整体上呈现出的特征数据，在一个相对较长的时间跨度上对这些特征数据进行深入分析，发现规律和趋势，或者探索内部机理，这就是常说的数据驱动的模型。目前使用大数据技术完成的各种数据建模都是这类模型。前面提到的经验公式就是基于长时间的特征数据分析后得到的规律和趋势，通过简化、抽象等方法还原为机理。

工业领域的四类模型相互之间并不是孤立的，如图2-2所示，这四类模型在基于机理和假设的对象定义/设计/实现、对象实现后投入运行、运行中的整体认知与规律发现以及机理还原或机理模型优化的认知闭环中，实现了有机融合。

在使用对象模型描述对象"是什么"和"为什么"的时候，按照最新的产品设计理论——行为导向的设计，以目的论为基础，以产品满足用户需求为出发点。在产品设计过程中，工程师必须首先理解为使系统满足用户需求所必需的行为逻辑，而在理解并描述系统的行为逻辑的过程中，需要使用过程模型。

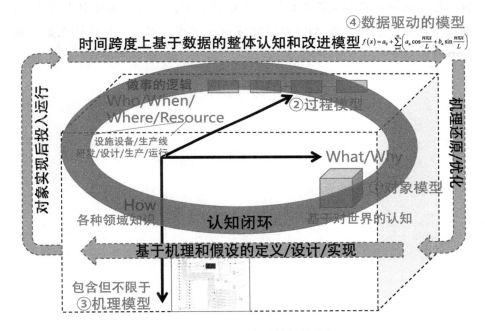

图 2-2　工业 APP 加速认知的进程

描述对象需要基于对现实世界的认知，也需要使用包括机理模型在内的各种领域知识模型；同样，在实现对象的过程中，仍然需要使用包括机理模型在内的各种领域知识模型。

在系统对象的运行过程中，由运行数据驱动得到的规律和趋势是对系统对象的进一步充分认知，这些结果经过简化、抽象，被还原成机理模型或优化了原有的机理模型，再应用到系统对象的描述中，从而形成一个完整的认知闭环。

过去的信息化建设一直存在的业务和知识两张皮的问题，就在于没有将过程模型与领域知识模型有机融合。人们经常提到的"知识来源于过程，又应用于过程",就是对领域知识模型和过程模型融合的最好说明。

通过以上描述可以了解到,工业领域的四类模型相互交融,并不是绝对孤立的。如何应用好这四类工业模型,并使它们在认知闭环中有机融合,是工业领域长期面临的课题。工业技术知识在认知闭环中不断壮大,推动工业进步,而工业 APP 可以加速这一进程。那么,究竟什么是工业 APP 呢?

什么是工业 APP

工业 APP 概念研究

1. 工业技术软件化与工业 APP

改革开放以来,我国制造业引进了大量先进的工业软件和设备,在门类、数量和投资额方面已居于世界前列。但是我们用这些世界一流的软件和设备,却创造不出世界一流的产品。那么,是什么阻碍了我们呢?

举一个简单的例子,过去我们用纸和笔,依靠作者良好的构思和文学修养可以写出一篇好文章。随着技术的升级,我们用 Word 代替了纸和笔,虽然有了好的工具,但并不能解决写出好文章的问题。因此,要创造一流的产品,除了各种软件和设备外,更需要各专业领域的工业技术、知识和方法做支撑,这才是企业的核心竞争力。

如何才能实现这些工业技术知识和方法的积累和有效支撑呢?

过去有很多企业尝试过建立知识管理系统,这的确可以帮助我们解决一些知识积累与应用的问题,但并不能有效地解决企业在产品开发过程中的知识应用问题,难以支撑企业开发出好的产品。

工业技术知识也并不是通过简单的聚集和存储就能支撑产品开发。

波音公司将过去几十年的工程技术知识和经验经过系统的整理、分析、抽象后，形成了数量众多的企业私有应用程序（或软件），以支撑波音系列飞机的研发。这些私有软件造就并保护了波音公司的核心竞争力，奠定了波音公司在飞机研制领域的领先地位。

显然，将工业技术知识进行系统的分析整理、抽象提炼和整合，形成结合实际应用场景、可解决实际工程问题的应用程序（或应用软件），才是解决工业技术知识与方法积累与有效应用的手段。因此工业技术软件化的概念应运而生。

2016年9月24日，在第十八届中国科协年会上，工信部副部长、中国电子学会理事长、中科院院士怀进鹏作大会特邀报告，阐述了自己对于制造业和互联网如何进行深度融合的思考："工业技术的软件化是制造业强国必由之路，而实现工业互联网和工业云，是我们搭建平台、实现全球共融和推动产业发展的重要基础。"⊖

工业技术软件化概念的提出为中国制造业转型升级提供了一套科学的方法论。为了让这一方法能够落实并全面推广，工业和信息化部提出了"工业APP"这一概念，将工业技术软件化从抽象的方法论转变为可落地和快速推广的实施路径，并写入软件和信息技术服务业发展"十三五"规划中。

2017年1月17日，工业和信息化部规划司正式发布了《软件和信息技术服务业发展规划（2016—2020）》，在重点任务和重大工程中专门开辟"工业技术软件化推进工程"专栏，推进工业软件平台及APP研发和应用试点示范，建设面向重点行业的工业软件平台和新型工业APP库，构建工业技术软件体系，丰富工业技术软件生态。

2017年6月29日，在第二十一届中国国际软件博览会上，马凯副总

⊖ 怀进鹏.工业技术软件化是制造业强国必由之路[OL]. http://scitech.people.com.cn/n1/2016/0924/c59405-28737857.html.

理强调："提高认识，把推进工业技术软件化作为建设制造强国和网络强国的重要内容，提升企业创新能力。"

2017年11月27日，国务院发布《关于深化"互联网＋先进制造业"发展工业互联网的指导意见》（以下简称《指导意见》），组织开展百万工业APP培育。支持软件企业、工业企业、科研院所开展合作，培育一批面向特定行业、特定场景的工业APP。到2020年，培育30万个面向特定行业、特定场景的工业APP；到2025年，培育百万工业APP。

为贯彻落实国务院《关于深化制造业与互联网融合发展的指导意见》和《关于深化"互联网＋先进制造业"发展工业互联网的指导意见》，加速我国工业技术软件化进程，推动工业转型升级，2017年12月15日，由工业和信息化部指导的中国工业技术软件化产业联盟在北京成立。联盟将组织社会化的力量共同开展工业技术软件化共性技术攻关、行业标准制定、创新方法研究，大力发展工业APP，推动工业互联网生态发展和制造业提质增效。

工信部在2018年5月11日发布《工业互联网APP培育工程实施方案（2018—2020年）》，指导地方工业和信息化主管部门、行业协会和企事业单位进一步落实《指导意见》。

国内的工业企业和信息化企业身处工业一线，更是预先感知了这一发展趋势，10余年来，国内众多制造业龙头企业利用Sysware平台，封装企业的工业技术知识、经验、算法与流程，形成了超过6000个工程模板、知识组件或工业APP。这些实践有力地帮助企业实现了知识的沉淀，带来了研发效率、周期、质量等方面的可观价值。这些工程实践有力地证明了"工业技术软件化"的正确性与价值。

业界普遍的共识是，把工业技术知识变成软件，也就是软件化，其中工业APP是重要的成果之一。

工业技术软件化是一种利用软件技术将实践证明可行和可信的工业技术知识，通过表述、建模以及软件化等过程表达成人们可高效重用、广泛传播的各种工业软件和工业应用程序的技术过程与方法。

2. 国外工业 APP 发展情况

从当前的情况来看，在工业云平台上开发和运营工业 APP 的策略正在被越来越多的科研组织、工业企业和软件企业所接受。

NASA 从 2011 年开始举办一年一度的工业 APP 开发挑战赛，召集世界各地的开发者前往美国，利用 NASA 的开放知识资源开发工业 APP；其内部也成立了专门的 APP 开发中心，推动各部门开发通用的 APP。

DARPA 在自适应运载器创建（AVM）平台的开发阶段也投入大约 5500 万美元，专门用于地面车辆和航空运载器适用的工业组件开发。

通用电气的 Predix 工业互联网平台上线之后，已经积累了 300 种左右的工业 APP。欧特克的 Forge 平台上线后，应用商店中的 APP 数量迅速增长至 2500 余种。

德国弗劳恩霍夫研究所设置了 eAPP 项目，与虚拟诺克斯堡工业 4.0 示范平台相得益彰。

西门子新推出的 MindSphere 平台上不仅有西门子自己开发的工业 APP，也运营着埃森哲、SAP 等合作伙伴开发的 APP。

贝加莱自动化长期使用 mapp 技术开发制药机械、印刷机械等行业的领域工程解决方案，取得了丰硕的实践成果。

3. 国内工业 APP 发展情况

国内的工业 APP 最早可以追溯到一些工业信息化服务厂商基于工业企业的应用需要而开发的各种工程应用模板和组件。

在很早以前，索为公司就注意到，国内企业所购买的各种 CAD/CAE 软件一点都不比国外的企业少，甚至更多，但为什么国内企业很难像国外同行那样研发出高品质的产品呢？

经过分析发现，国内很多制造企业拥有的软件工具虽然一样，但由于缺乏坚实的工业领域知识，所购买的软件也没有完成设计分析所需要的数据库与知识库，因此很难实现产品研发的突破。找到问题的根源后，索为公司从2006年就开始研究如何将工业技术知识沉淀下来并广泛重用，只是该成果最初不叫APP，而是被称为"工程应用模板"与"工程知识组件"，包括流程模板、数据模板、产品对象（描述）模板、算法模板、仿真分析模板等。这些模板是工业APP的早期形态。十余年间索为公司依托工程中间件平台和在高端装备创新领域的工业技术软件化实践积累了大量工业APP，并将通过"众工业"互联网平台逐步向公众开放。

国内的航天云网2017年、2018年已经连续举办了两届APP创新大赛，通过举办大赛，将工业领域中的优秀产品开发商及创业者聚集到了一起；通过优秀工业软件的资源集聚和融合创新，意在孵化和培育出未来中国工业互联网领域的中坚力量。

2018年4月25日，由长沙市人民政府、树根互联技术有限公司、中国信息通信研究院和长沙智能研究总院联合主办的"根云杯"全国首届工业APP百万大奖赛启动，大赛于当年11月28日落幕。

2018年7月至11月，由工业和信息化部、天津市人民政府主办，中国工业技术软件化产业联盟和天津市工业和信息化委员会联合承办的"2018中国（天津）工业APP创新应用大赛"，共吸引了来自全国各地制造业企业、软件企业、科研院所、高等院校，覆盖北京、天津、广东等20余省市的创新团队，超过7500个工业APP作品报名参赛。该赛事分为真实场景赛和通用场景赛，立足于解决企业真实问题。

2018年9月至12月，由工业互联网产业联盟（简称AII联盟）主办，中国信息通信研究院、华为技术有限公司、北京索为系统技术股份有限公司、沈机（上海）智能系统研发设计有限公司、北京寄云鼎城科技有限公司联合承办的"AII首届工业APP开发与应用创新大赛"，吸引了来自不同行业领域的140支团队参赛，基于工业APP应用场景，围绕研发设计、生产制造、应用服务三个开发方向开展角逐，产生了152个工业APP。

2018年11月23日，阿里云也发起了工业APP创新大赛；杭州新迪和苏州同元等工业软件企业依托专业优势，开发了线上的三维模型库和虚拟设计对象模型库，聚集了丰富的模型资源；此外还有更多企业及平台加入百万工业 APP 的建设大军中。

通过一系列赛事与平台，国内的工业 APP 形成浩大声势，各地方政府与企业积极推进与参与，加深了大家对工业 APP 的认识。从总体上看，相对于国际工业领域巨头长期积累的技术优势，我国的工业 APP 以及通过工业 APP 沉淀与积累的工业技术知识仍处于起步阶段，还存在比较明显的差距。

4. 工业 APP 的概念研究

在提出工业 APP 的概念之前，大家已经非常熟悉服务业与消费领域的 APP，我们每天都会在手机上使用不同的移动 APP。根据工信部发布的数据，截止到 2018 年 5 月底，我国市场上监测到的移动应用（APP）为 415 万个。

与移动 APP 不同的是，工业 APP 是工业领域的应用程序，带有明显的工业应用属性，而一般的移动 APP 主要应用于消费领域或服务业。

对于工业 APP 这个概念，目前只有工信部给出了一种定义。

工信部在《工业互联网 APP 培育工程实施方案（2018—2020 年）》中给出的工业 APP 定义是：工业互联网 APP（以下简称工业 APP）是基于工业互联网、承载工业知识和经验、满足特定需求的工业应用软件，是工业技术软件化的重要成果。

《工业互联网 APP 发展白皮书》引用了这一定义。工信部给出的这一定义重点强调了工业 APP 的工业互联网应用背景与属性。

本书从工业 APP 承载工业技术要素的本质出发，基于工业 APP 生命周期的视角给出了一个定义。该定义有利于大家了解工业 APP 的生命周期与开发过程，更有利于建设与形成工业 APP 生态。

工业 APP 的定义

工业 APP 是一种承载工业技术知识、经验与规律的形式化工业应用程序，是工业技术软件化的主要成果。

工业 APP 是为了解决特定问题、满足特定需要而将工业领域的各种流程、方法、数据、信息、规律、经验、知识等工业技术要素，通过数据建模与分析、结构化整理、系统性抽象提炼，并基于统一的标准，将这些工业技术要素封装固化后所形成的一种可高效重用和广泛传播的工业应用程序。

工业 APP 是工业技术软件化的重要成果，本质上是一种与原宿主解耦的工业技术经验、规律与知识的沉淀、转化和应用的载体。

工业 APP 所承载和封装的具体工业技术知识对象包括：

1）经典数学公式、经验公式。

2）业务逻辑（包括产品设计逻辑、CAD 建模逻辑、CAE 仿真分析逻辑、制造过程逻辑）。

3）数据对象模型、数据交换模型。

4）领域机理知识（包括航空、航天、汽车、能源、电子、冶金、化工、轨道交通等行业机理知识，机械、电子、液压、控制、热、流体、电磁、光学、材料等专业知识，车、铣、刨、磨、镗、热、表、铸、锻、焊等工艺制造领域的知识，配方、配料、工艺过程与工艺参数的知识，以及故障、失效等模型，还可以是关于设备操作与运行的逻辑、经验与数据）。

5）工具软件适配器，工业设备适配器。

6）数学模型（设备健康预测模型、大数据算法模型、人工智能算法模型）。

7）将多领域知识进行特征化建模形成的知识特征化模型。

8）人机交互界面。

工业 APP 有两个关注点，第一是关注对工业数据的建模以及对模型的持续优化，第二是关注对已有工业技术知识的提炼与抽象。两类不同的关注对象形成两大类工业 APP，关于工业 APP 的分类参见后文。大多数工业互联网平台所做的都是工业数据建模。

工业 APP 强调解耦、标准化与体系化。强调解耦是要解决知识的沉淀与重用,通过工业技术要素的解耦才能实现工业技术知识的有效沉淀与重用;强调标准化是要解决数据模型和工业技术知识的重用及重用效率,通过标准化使得工业APP可以被广泛重用,并且可以让使用者不需要关注数据模型和知识本身,而直接进行高效使用;强调体系化是要解决完整工业技术体系的形成,以便通过整个体系中不同工业APP的组合,完成复杂的工业应用。工业APP解决特定的问题,当需要解决复杂问题时,必须通过一系列的APP组合来支撑,所以要形成面向不同工业、不同行业的工业APP生态才能完成对复杂对象的描述与应用。

工业APP可以让工业技术经验与知识得到更好的保护与传承、更快的运转、更大规模的应用,从而十倍甚至百倍地放大工业技术的效应,推动工业知识的沉淀、复用和重构。

工业APP的典型特征

作为一种特殊的工业应用程序,工业APP具有如图2-3所示7个方面的典型特征,从而区别于一般的工业软件或工业应用程序。

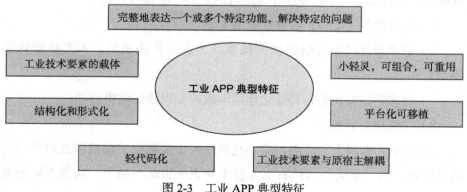

图 2-3 工业 APP 典型特征

(1) 完整地表达一个或多个特定功能,解决特定的问题

每一个工业APP都是可以完整地表达一个或多个特定的功能,解决特

定的具体问题的工业应用程序。这是工业APP区别于一般的工具软件和工业软件的特征，工具软件和工业软件的功能通常具有普适性，可解决一大类相似的问题。

（2）工业技术要素的载体

工业APP是工业技术要素的载体，在工业APP中封装了具有特定功能和解决特定问题的流程、逻辑、数据流、经验、算法、知识、规律等工业技术要素，工业APP固化这些技术要素，每一个工业APP都是一些特定工业技术要素结合特定应用场景的集合与载体，这一特征赋予工业APP知识的属性。

（3）工业技术要素与原宿主解耦

从工业APP的定义看，工业APP是要高效重用并广泛传播的一种工业应用程序，如果工业APP承载的工业技术要素不能与原宿主解耦，高效重用和广泛传播的目标就很难达成。因此，工业APP所承载的工业技术要素必须与原宿主解耦。这里所说的原宿主可以是拥有工业技术经验、掌握规律与知识的人或由人构成的组织，也可以是隐含或潜藏着规律与特性的客观存在的某一个事物。

（4）小轻灵，可组合，可重用

工业APP目标单一，只解决特定的问题，不需要考虑功能普适性，因此，每一个工业APP都非常小巧灵活，不同的工业APP可以通过一定的逻辑与交互进行组合，解决更复杂的问题。每一个工业APP集合与固化了解决特定问题的工业技术要素，因此，工业APP可以重复应用到不同的场景，解决相同的问题。

（5）结构化和形式化

工业APP是流程与方法、信息与规律、经验与知识等工业技术要素进行结构化整理和抽象提炼后的一种显性表达，结构化提供了可组合应用的基础。以图形化方式定义这些技术要素及其相互之间的关系，并提供图形化人机交互界面，以及可视的输入输出，方便工业技术知识的广泛重用。

（6）轻代码化

轻代码化不是排斥代码。工业 APP 需要一个非常庞大的生态来支撑，这就要求让掌握了工业技术知识的广大工程技术人员尽量都能参与到工业 APP 生态建设的进程中。所以，工业 APP 的开发主体一定是"工业人"，而不是"IT 人"。这就要求工业 APP 的开发是在一种图形化的环境中通过简单的拖、拉、拽等操作和定义完成的，不需要代码或仅需要少量代码。

即便如此，工业 APP 并不排斥通过代码方式实现的工业用途的 APP。轻代码化的特征主要是从工业 APP 生态形成的角度，对生态中绝大多数工业 APP 实现方式的概括。

（7）平台化可移植

工业 APP 集合与固化了解决特定问题的工业技术要素，因此，工业 APP 可以在工业互联网平台中不依赖于特定的环境运行。

平台化可移植这个特征与工业 APP 建模密切相关，由于工业领域四类模型的不同建模方式和所需建模引擎的差异，工业 APP 的平台化将以工业互联网平台能否提供完善的建模引擎为前提。只有提供通用的建模引擎时，工业 APP 才能实现平台化可移植。

工业 APP 的这 7 个典型特征充分映射了工业 APP 的根本目的：便于"工业人"实现经验与知识的沉淀；便于利用数据与信息转化为规律与特性涌现；便于将经验与隐性知识转化为显性知识；便于在一个共享的氛围中实现知识的社会化传播；结构化、显性化、特征化表达，便于知识的高效应用。

工业 APP 的本质

工业 APP 本质上是一种与原宿主解耦的工业技术经验、规律与知识的沉淀、转化和使用的应用程序载体。其中包含三层意思：第一，工业 APP 是工业技术经验、规律与知识的沉淀、转化和应用的载体；第二，这种工业技术经验、规律与知识必须是与原宿主解耦的；第三，这种融合了工业技术知识的应用程序，为人们一直以来孜孜以求的"知识驱动的应用"（如知识驱动的设计）提供了支撑。

从工业 APP 的本质来说，有以下几个比较容易混淆的问题必须明确：

1）工业 APP 承载的是已经与人解耦的结构化、显性化、特征化表达的工业技术知识、经验与规律。

2）工业 APP 不承载设施设备等资源，虽然设施设备也是各种工业技术的集合与成果，但是由于这种设施设备中的工业技术并没有被抽取出来，使其独立存在并可与该设施设备解耦，因此不能说这个设施设备资源可以作为工业 APP。但是，工业 APP 可以承载操作与使用设施设备的经验与知识，以及通过数据所发现的规律。

下面以飞行器风洞试验中的风洞设施为例来说明这个问题。虽然风洞本身是一套复杂的高技术设施设备，但不能把风洞本身当作一个 APP。风洞的操作很复杂，尤其是天平调节，严重依赖操作人员的经验，如果我们把天平调节操作能手头脑中的经验进行梳理、解析、封装并形成一个工业应用程序，这就形成了一个风洞试验天平调节 APP，因为其中的操作经验已经与特定的天平调节操作人员解耦了。

这个例子也同样说明了上面提到的关于与人解耦的问题，这个天平调节能手本身不能是一个 APP，但是抽取出来的天平调节经验是工业 APP。

3）要注意区分利用工业 APP 定义、描述以及实现的工业品实例与工业 APP 的差别，定义、描述以及实现某工业品对象的工业应用程序是工业 APP，但是工业品实例不能作为工业 APP。

例如，某企业使用齿轮设计 APP 设计了 100 个不同的齿轮实体，虽然这 100 个齿轮实体都是齿轮设计技术与知识的结果，但都只是一个齿轮设计 APP 的设计实例，而不是 100 个工业 APP。

4）APP 的应用是一种"知识驱动的应用"，如知识驱动的设计等应用。工业 APP 实现了以前大家一直想要实现的"知识驱动设计"。在索为公司展示的一个案例中，其用数百个工业 APP 进行组合，完全由工业 APP

驱动完成一款民用飞机的总体设计，如图 2-4 所示的飞机总体设计 APP，APP 驱动包括飞机的气动外形、气动布局、飞行性能、重量重心、操稳等总体设计和分析活动。

图 2-4　工业 APP 驱动产品设计

在工业 APP 驱动产品设计的过程中，工程师不需要直接操作 CAD 和 CAE 分析软件来进行设计，只需要在人机交互时输入与飞机总体设计相关的需求和技术参数，而其他建模和分析过程全部由 APP 中所承载的工业知识驱动完成，这就是典型的知识驱动设计。

工业 APP 的分类

分类是认识纷繁复杂世界的一种工具。通过分类，可使得杂乱无章的世界变得井然有序。

通常有两种基本的分类方法。一种是人为分类，它依据事物的外部特征进行分类，这种分类方法可以称为外部分类法。另一种分类方法是根据事物的本质特征进行分类。

本书主要从工业 APP 的本质特征角度进行分类。在前面的工业 APP 定义中提到，工业 APP 关注对工业数据建模与模型持续优化，以及对工业技术知识的提炼与抽象。基于工业 APP 的两个不同关注点，形成了两大类工业 APP。图 2-5 描述了从工业 APP 的本质来看，工业 APP 被分为两大类型，即过程驱动型工业 APP 和数据驱动型工业 APP。

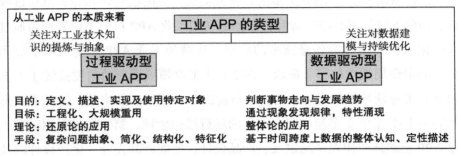

图 2-5　工业 APP 从本质上的分类

第一类工业 APP 关注对已有的工业技术知识的提炼与抽象，承载特定对象的定义、描述、实现，以及如何使用某个特定对象的工业技术、知识与经验，通常会把这些已有的知识还原成一系列的过程以及对应的方法与知识，所以我们称之为过程驱动型工业 APP。

第二类工业 APP 关注对数据建模与持续优化，承载的是在一个时间跨度上的数据推演形成的规律与趋势，以判断事物走向与发展趋势为目标，我们称之为数据驱动型工业 APP。

之所以将第一类工业 APP 称为过程驱动型工业 APP，是因为第一类工业 APP 是基于人们对世界的认知，将这个复杂的世界通过简化、解析，还原成可以由一系列流程、步骤、工具、技术、方法以及各种专业知识和基础技能可复现的对象，并且基于过程来组织这些可以复现对象的步骤、工具、技术、方法、专业知识与技能。因此，我们把这类利用已有知识描述可复现对象的工业 APP 称为过程驱动型工业 APP。

过程驱动型工业 APP 的目的是定义、描述、实现及使用特定对象；采用典型的解析法，将复杂的问题抽象、简化、结构化与特征化，其目标是实现工程化以及大规模重用。

数据驱动型工业 APP 的目的是判断事物的走向与发展趋势；是典型的整体论应用，基于时间跨度上的数据进行整体定性认知、定性描述，用于通过现象发现规律和特性涌现。

过程驱动型工业 APP 更多的是将人类对世界的已有认知与智慧通过降维、简化抽象后进行推广普及；数据驱动型工业 APP 目前主要表现为通过大数据与机器学习等信息技术的应用。这两类工业 APP 并不局限于应用在产品生命周期中的哪个阶段，图 2-6 从工业领域模型的角度描述了工业 APP 在工业领域中的常见应用。从目前的工业应用实践来看，第二类数据驱动型工业 APP 更多地应用在产品的运行维护领域，第一类过程驱动型工业 APP 更多地应用在产品定义、产品设计、使能产品设计、生产设计以及生产等领域。

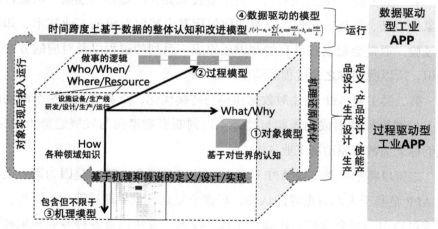

图 2-6　工业 APP 与工业领域模型的对应

在工程实践中，这两类工业 APP 一定是穿插交互应用。在产品设计 APP 中，对 APP 中某个特征参数输入的确定，可以依据数据驱动型 APP

对该特征参数的大数据分析结果，给出一个优化的参数输入。当这两类 APP 实现融合后，工业 APP 就进化到智能应用阶段。

随着大数据与人工智能的逐渐成熟与应用，部分业内人士提出了"从过程驱动向数据驱动转化"。正如在前面提到的基于大数据优化某个特征参数输入，在当前阶段，大多数企业对于企业以及企业员工现有的知识都还没有完成沉淀与固化，"过程驱动"还没有完成，因此缺乏向"数据驱动"转化的基础。但"从过程驱动向数据驱动转化"会成为工业 APP 发展的一种趋势。

此外，按照外部分类方法，即 APP 的外部特征属性分类，由于工业 APP 所附加的外部特性很多，可以从多个维度进行分类。例如，从行业维度分类；从生命周期维度分为研发设计类 APP、制造类 APP、运行维护类 APP、企业管理 APP 等；从工业 APP 适用范围分为基、通、专类别；从专业维度分类；从产品分解结构（PBS）维度分类等。对于不同的分类方法，主要看执行分类的人站在哪个层级，关注点与视角是什么。若使用外部分类方法对工业 APP 分类，可以参考"工业 APP 体系规划"一节的内容，它从工业 APP 的外部属性，分别从不同的关注点和视角对工业 APP 进行了体系规划与分类。

工业 APP 举例

下面我们通过一个工业 APP 案例给大家提供一个直观的认识（该案例由索为公司提供）。以一个齿轮设计 APP 为例，如图 2-7 所示，介绍工业 APP 的基本内容和效果。该工业 APP 为过程驱动的 APP 类型，用于齿轮设计过程。一般的齿轮设计过程如下：

1）齿轮几何外形计算：按照齿轮相关的公式进行计算，形成齿轮的几何参数，并基于 CAD 软件绘制三维模型。

2）弯曲强度校核计算：对齿轮工作过程中的载荷进行公式计算，通过计算分析齿轮齿根部会不会疲劳。

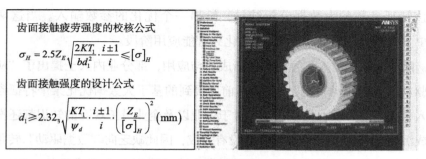

图 2-7 传统的齿轮设计

3）接触强度校核计算：对齿轮工作过程中的载荷进行 CAE 仿真分析，也就是通过仿真的方式分析齿轮齿会不会断裂。

4）撰写设计报告：根据三维设计结果、仿真分析和工程计算结果，撰写报告。

以上是一个常见齿轮设计工作过程。以往设计人员需要依靠个人经验手工操作计算器、CAD、CAE、Office 等软件，该过程会遇到如下问题：

1）各种软件操作复杂，设计周期长。

2）需要在不同软件之间迭代数据，效率低。

3）同时对人的经验依赖大，设计质量不稳定。

将上述传统齿轮设计与计算分析过程中用到的设计分析流程、知识以及相关的设计分析工具通过工业 APP 封装环境完成 APP 封装，可以形成图 2-8）所示的齿轮设计工业 APP 以及图 2-9 所示的齿轮接触强度校核 APP。使用这两个工业 APP，就可以高效地驱动工具软件完成齿轮的设计和强度校核工作。

运行工业 APP 开展齿轮设计工作时，仅需要几个简单步骤。

第一步：在交互界面中输入齿轮相关的设计需求和参数后确认执行。

第二步：驱动执行。工业 APP 自动根据 APP 所封装的齿轮设计逻辑和相关知识，驱动 APP 所封装的 CAD 工具软件来完成齿轮三维模型构建。在工业 APP 执行过程中无须人工参与，只需要查看工业 APP 执行过程中形成的结果，平台会完整地记录整个执行过程并形成日志文件。

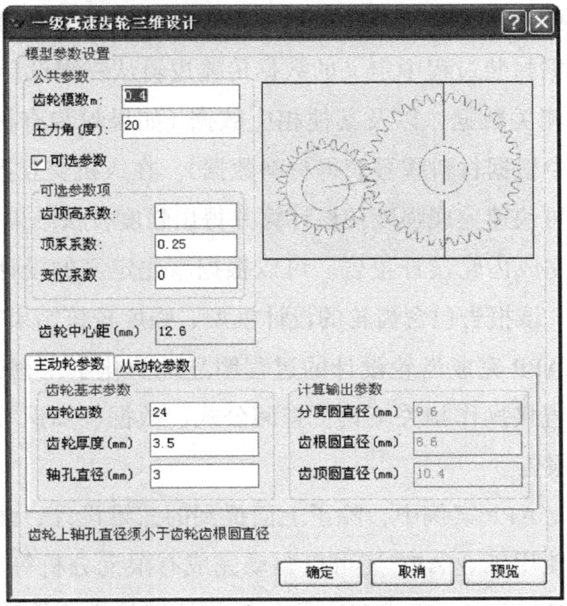

图 2-8 齿轮设计工业 APP

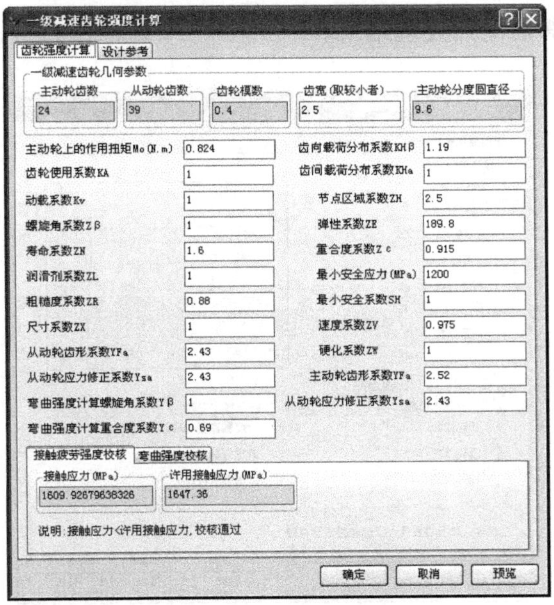

图 2-9 齿轮接触强度校核 APP

第三步：强度校核。齿轮强度校核工作会启动强度校核APP完成。APP会自动根据封装过程中定义的数据传输逻辑从三维设计APP完成的设计模型中获取相关数据，以及其他相应数据（如果封装有材料数据库，可自动从数据库中根据材料牌号获得材料数据）。在人机交互界面中输入相关参数后，APP可快速完成强度校核计算并得出强度校核结果。

第四步：完成齿轮设计报告。可以根据事先定义的设计报告模板完成齿轮设计报告，该报告包含齿轮的设计模型、强度校核结果等模型。

上述使用APP完成齿轮设计的过程明显地简化了工程师的设计活动，省去了工程师直接操作相关工具、查阅公式、数据、知识等环节，并且可快速得到设计报告。

在这个工业APP案例中，除了上面提到的三维设计、强度校核以及生成报告之外，使用工业APP还可以驱动完成有限元分析等其他很多工作。图2-10展示了利用APP完成有限元分析前处理的模型简化工作，图2-11使用APP完成有限元网格划分以及求解计算，而图2-12就是利用APP进行齿轮刚度计算后的后处理结果。

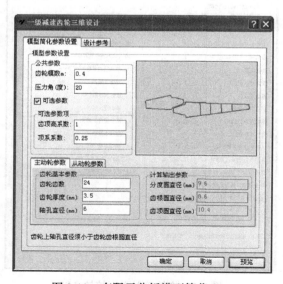

图2-10 有限元分析模型简化APP

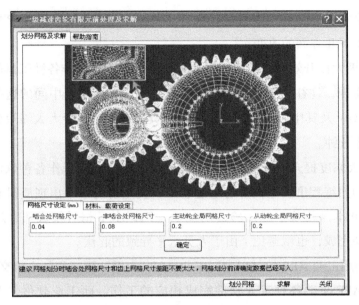

图 2-11　有限元网格及求解 APP

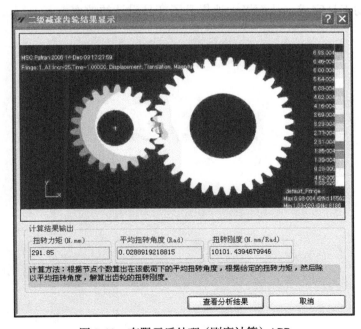

图 2-12　有限元后处理（刚度计算）APP

对比采用工业 APP 与传统设计方法两种方式，使用工业 APP 对设计工作带来以下几方面的改变：

1）极大提升效率：传统的设计工作需要工程师操作各种工具软件一步一步地实现，往往需要比较长的时间；采用工业 APP，中间的这些操作过程都由 APP 及其中所封装的知识驱动工具完成，时间会大大缩短到几小时甚至几十分钟。

2）大幅度提升质量稳定性：传统上需要大量人工操作各种软件，对人的经验和熟练程度要求高，容易随着工具使用者的水平出现质量起伏。而工业 APP 本身封装了经过验证的知识，知识水平相对较成熟，过程中由 APP 驱动完成，也就避免了由于人员水平导致的起伏。

在使用工业 APP 的过程中，工业 APP"上浮"到工程师人机交互前端，由工业 APP 驱动各种工业软件完成相应的工作，而工业软件"下沉"到后台。工程师不需要直接操作工具软件，大量重复性、事务性的工作都由 APP 驱动工具完成，从而极大地提升了产品设计的效率。

工业 APP 的参考架构

按照 ISO/IEC 42010—2011 标准,"架构"是一个系统在其所处环境中所具备的各种基本概念和属性,具体体现为其所包含的各个元素、它们之间的关系以及架构的设计和演进原则。

工业 APP 的参考架构描述了工业 APP 的各种基本概念和属性,以及工业 APP 所包含的工业品生命周期、技术要素、软件化等维度上的元素和它们之间的关系,以及在工业 APP 应用上的演进。

工业 APP 是工业技术软件化的主要成果,其目的是在工业产品的生命周期中重用。根据工业 APP 的定义,以及从工业品生命周期、技术要素、软件化、应用四个维度,可形成如图 2-13 所示的工业 APP 参考架构。

该参考架构从范围、客体对象、实现手段以及应用等四个视角对工业 APP 进行了阐述。

第一,工业 APP 针对的是工业产品,以及工业产品生命周期的不同阶段,这明确了工业 APP 的范围。

第二,工业 APP 围绕工业产品生命周期不同阶段中的各种工业技术的沉淀、转化与应用,明确了工业 APP 的客体对象和核心内容。

第三，工业APP通过工业技术软件化来实现，明确了工业APP的实现手段。

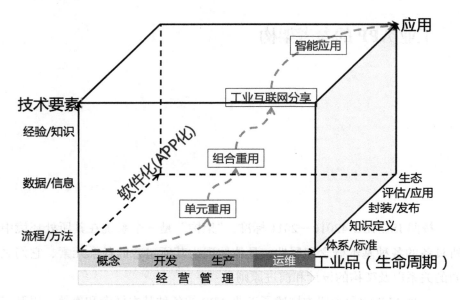

图 2-13　工业 APP 参考架构

第四，工业APP要在工业产品生命周期过程中实现重用，明确了工业APP的目的。

工业品生命周期维：从宏观范畴确定了工业APP的范围，是针对工业产品生命周期开展工业APP定义，以系统生命周期模型为基础，涉及概念设计、设计开发、生产制造、运维保障与经营管理五大类工业活动。

技术要素维：从对象认知的视角，确定了工业APP针对的对象是各种工业品在需求分析、概念设计、研发、制造、运维和管理等工业活动中的各种技术要素，确定了工业APP所包含的工业技术知识内容。依据DIKW模型进行抽象，该维度涉及流程与方法、数据与信息、经验与知识三大类别。

软件化（APP化）维：从工业APP生命周期过程的视角，描述了工业

APP 实现的途径。将工业品生命周期不同阶段的流程与方法、数据与信息、经验与知识等工业技术要素，按照一定的技术途径，从顶层确定体系与标准、显性化知识定义、APP 封装/发布、评估/应用和构建生态等过程。这一过程实现了工业技术知识与信息技术的融合。

应用维：从工业 APP 的目的与分阶段目标出发，描述了工业 APP 最终目的——应用，以及不同应用模式。将工业品生命周期过程中的技术要素通过软件化封装和固化的根本目的是开展应用，并借助工业互联网扩大工业技术知识的价值。目标的实现分四个步骤稳步推进，第一步先实现对富集工业技术知识的工业 APP 的"单元重用"，解决特定问题；第二步通过对多个工业 APP 的组合实现"组合重用"，解决更复杂的问题；第三步借助工业互联网将工业 APP 进行广泛的分享，实现知识价值倍增；第四步，当未来形成比较完善的工业 APP 生态体系后，基于 APP 与人工智能的结合，进行工业 APP 的智能应用并实现 APP 的持续优化。

接下来对工业 APP 参考架构的不同维度展开描述。

工业品生命周期维度

工业品生命周期维度明确了工业 APP 的范围。工业 APP 是针对一般工业产品生命周期过程中不同阶段与环节的应用。在工业品生命周期维度，根据 ISO/IEC/IEEE 15288 系统生命周期流程标准，将工业品生命周期过程划分为概念设计、设计开发、生产制造、运维保障、经营管理等五大类工业活动。工业品生命周期过程包括从最初问题发现、需求挖掘、概念提出、方案定义、设计直到数字样机完成，再到生产制造、交付运行、维护等过程，以及工业领域的经营管理等活动。

（1）概念设计

根据 ISO/IEC/IEEE 15288 系统生命周期模型，概念设计阶段主要完成产品在赛博空间从最初问题发现、需求挖掘、概念提出、方案定义到技术创新与攻关、关键元素原型机等活动。概念设计阶段需要使用到需求定义流程、概念开发流程、方案定义流程、需求获取方法、需求分析方法、需求分解知识、专业原理、各种数据分析方法、决策支持等各种工业技术要素。

在这一过程中，将在不同的控制点开展过程质量控制、验证与确认（包括但不限于仿真与试验）、决策、迭代等活动，所完成的工作是从无到有的创造性工作。

概念设计阶段主要关注问题定义的准确性、所要考虑的概念与解决方案要素的完整性，以及解决问题的效果与达成效果的技术可行性、可获得性等要素。

（2）设计开发

根据 ISO/IEC/IEEE 15288 系统生命周期模型，设计开发阶段主要完成产品在赛博空间根据方案定义完成工程设计、数字样机定义等过程。工程实践中主要对应初样机和正样机阶段。在这一过程中，将使用不同的工具软件与专业知识，开展机械、电子、软件、控制、液压等多专业的协同设计与集成，自上而下分解，然后再自下而上实现并集成，并在不同的控制点开展过程质量控制、验证与确认（包括但不限于仿真与试验）、决策、迭代等活动。在设计开发过程中，需要同实现环节一起考虑产品实现的各种技术或工艺约束。设计开发阶段主要关注准确地分析问题，针对问题提出不同解决方案并选优，利用现有的各种技术手段以及可行的技术创新实现该解决方案，并全面地考虑周期、成本、可行性、技术风险、安全性以及环境影响等因素。提升研发设计效率、提升研发设计产品的质量，以及更好地满足并解决问题是设计开发阶段主要考虑的问题。

（3）生产制造

根据 ISO/IEC/IEEE 15288 系统生命周期模型，生产制造是基于设计开发阶段的系统对象完成生产或制造实现的过程。这一过程将从工艺规划设计开始，完成从原材料、成品以及软件架构开始的生产、采购以软件编码活动，并在不同的控制节点开展过程质量控制、验证（包括但不限于仿真与试验）、确认、决策、迭代等活动。在这一过程中可能需要对产品设计进行修改以解决生产问题、降低生产成本，或增强或系统的能力。上述任何一点都可能影响系统需求，导致产品研发设计的迭代，并且可能要求系统重新验证或重新确认。所有这些变更都要求在变更被批准前进行系统评估。生产制造是对所研发设计的产品对象的物理实现，关注生产制造工艺规划与设计、生产现场的有效规划与管理、生产现场与设施设备的执行效率、生产制造数据的采集并基于数据进行产品的验证与确认（包括但不限于仿真与试验），以及生产制造与产品研发设计之间的反馈与迭代。

（4）运维保障

根据 ISO/IEC/IEEE 15288 系统生命周期模型，运行和维护通常会并行开展，因此将生命周期模型中的使用与支持整合成运维服务。运维服务从系统在其预期设定的环境中运行以向客服交付其预期的各种服务开始，持续地为系统提供支持以使系统能够持续运行。这一过程经常会涉及系统在运行期内有计划地引入对系统的修改，这些修改可以解决系统的可维护性问题、降低运行成本，或改进系统的缺陷、提高系统的能力，或者延长系统寿命。运维服务是产品物理实体在其指定的运行环境中运行与使能支撑，关注如何更好地为用户提供服务，关注提供服务的可维护性与运行成本，以及对系统的改进。因此，它对系统运行过程中的各种运行数据、运行环境数据、使能系统数据进行采集与分析（包括远程监控、故障检测、预警分析），并将分析结果与制造、研发设计进行反馈迭代，实现备件管理优化和能效优化，以便进一步改进产品能力，减少产品与设施设备的故障率和停机时间，持续为客户提供更好的服务，降低运行与运营成本。

（5）经营管理

经营管理是一个通用的说法，包括企业的决策管理、业务过程控制以及技术管理等内容，涵盖决策管理、财务管理、人力资源管理、项目管理、知识管理、投资组合管理等，用于企业产品开发、制造、营销和内部管理以及战略决策等各种活动，可以提高制造企业经营管理能力和资源配置效率。企业经营管理通常要紧密结合企业业务开展，因此要考虑经营管理与产品设计、生产制造、运行与服务等业务环节的融合。

经营管理关注业务过程和企业运行的规范性、数据的准确性与及时性、风险的预测与可控等。

技术要素维

技术要素维即从对工业品对象认知的角度，针对各种工业品对象从研发设计、生产制造、运维服务到经营管理等工业活动中的各种技术要素，依据 DIKW 模型对这些工业活动中的技术要素进行抽象，形成的流程与方法、数据与信息、经验与知识三大工业技术要素类别。

需要强调的是，这里提到的流程与方法、数据与信息、经验与知识涉及在工业 APP 本质与分类章节所描述的两大类处理方式，一类是对已有的各种复杂工业技术知识经验基于还原法的简化与抽象表达；另一类是基于对时间跨度上的数据进行整体分析后得到的规律和趋势的数学表达。

（1）流程与方法

流程与方法涵盖了人们对事物运行的客观规律与基本原理的总结，是工业技术要素的基础，是在理解对象行为的基础上对事物运行的结构化表达，是产品生命周期不同阶段各种工业技术活动的技术路径和基本方法，是数据、信息与知识的主要组织逻辑。

之所以在工业 APP 分类中，基于本质属性将其中一类 APP 称为"过程驱动型 APP"，就是因为在对工业技术知识进行描述并形成解决问题的能力过程中，数据、信息与知识都是围绕流程来组织的。

这些流程和方法包括：在接受一项工作后，应该采用什么样的技术主线，有什么样的方法论可以指导工作开展，如何分解与定义活动，应该从哪里入手找到切入点，应该如何找到解决问题的抓手，采用哪些具体的方法来完成这些活动，以及活动的输入输出和交付成果，执行活动的主体，需要遵循的规范与约束等内容。

流程与方法属于典型的对已有工业技术知识的还原与解析，关注活动的分解、输入输出、活动之间的逻辑关系、目标与价值，强调结构化的描述与表达。

流程与方法将随着技术的升级、实践经验的提升等因素而不断优化，也可以利用信息技术对一个时间跨度上的数据进行整体分析后所发现的规律和趋势对其进行完善与优化。

（2）数据与信息

数据和信息是工业 APP 技术要素维的基础要素，是工业 APP 处理的主要对象之一。数据与信息包含了工业领域最基础的要素，是工业品在生命周期过程所产生并客观存在的大量关于工业品对象的主体、客体、数量、属性、时间、位置、环境、活动及其相互关系的一种抽象表示，这种抽象表示是为了便于人们对这些客观对象进行认识、了解，并对这些属性、位置等抽象表示进行保存、传递以及处理。人们用不同的方式方法对这些数据进行处理，结合特定的时间属性，建立起时间刻度上的相互关系，就形成了信息。所以"信息 = 数据 + 处理 + 时间点"。其中，"处理"就是描述相互关系。因此，可以把信息理解为对对象在特定时间点上的数据之间关系的描述。

数据和信息是客观描述整个工业领域运行的基础，通过对这些数据与信息的分析和处理，可以获得对工业产品更深入的认知、全面了解工业品对象，以及为形成知识和采取行动提供基础。

数据和信息是对客观存在的对象的各种描述，虽然客观存在，但是数据与信息往往会受到数据与信息获取手段的制约。此外，人们总是只获取自己关注的数据与信息而忽略其他信息，这就会造成数据与信息的缺失，使得人们对对象的认识缺乏全面性或者准确性。因此，工业 APP 在对工业技术要素中的数据与信息进行获取、处理与分析时要尽量完整、准确，从而获得对对象的全面认知。

(3) 经验与知识

经验与知识包含了从大量描述客观对象的数据与信息中，通过定量或定性分析，包括人对事物的直观感觉认知等，并结合一个时间跨度上的不断迭代、修正后形成的一种相对确定的认知。其中，经验的获得更多通过直观的、多次重复的、定性的判断分析和不断修正后形成；而知识是一种确定性很高的认知，往往可以通过解析方法还原成确定性表达。当经验经过进一步分析、分解还原成一种确定的内容后，可以形成知识。经验和知识可以用类似的公式来表达：经验/知识 = 数据/信息 + 分析 + 时间跨度 + 结论性表达（结构化/非结构化）。知识即对数据或信息进行分析后，在一个时间跨度上的结论性表达，这种结论性表达可以是一种直观感受（隐性知识），也可以是一种非结构化的文字或图片描述，还可以是结构化描述。

软件化维

软件化维从工业APP生命周期过程的视角，描述了产品研发设计制造与运维等生命周期不同阶段的技术要素通过软件化形成工业APP的技术路径和过程，其目的是根据规划的工业APP体系构建逐渐完善的工业技术生态（工业APP）体系。软件化包括五方面内容，首先基于工业体系与生命周期过程完成工业APP的体系规划，确定流程与方法、数据与信息、经验与知识的梳理与抽取规则，制定工业APP相关标准；其次，定义工业技术知识，将工业技术知识按照规则梳理并进行知识建模；第三，按照规划、规则与标准开发工业APP；第四，完成对工业APP的成熟度评估后投入应用，并在应用过程中对工业APP进行持续评估与改进；最终，利用工业互联网与社会化资源构建不断完善的工业APP生态。

(1) 体系/标准

体系/标准规划一般会分为不同的层次开展，按照制造业宏观战略，以及行业、企业或组织的战略目标及相关运营规划，自上而下不断分解与细化，建立相应的工业技术发展规划，并形成工业 APP 体系规划。

按照一般工业 APP 体系内容，需要在宏观层面围绕行业领域建立行业 APP 体系；在中观层面围绕企业的产品线和产品，涵盖产品的设计、制造、运行保障以及相关管理等环节，建立产品设计 APP、工艺设计 APP、生产制造 APP、保障 APP 和退出 APP 体系，形成产品线 APP 体系；在微观层面，围绕专业领域建立专业 APP 体系。具体内容可以参考"工业 APP 体系规划"。

（2）知识定义

工业技术知识经常以各种隐性方式存在于人的头脑中，人们对某些事物的感受、认知、基本的判断、经验、公认或约定俗成的各种看法，都属于隐性知识。另外还有大量的工业技术知识常常以技术文献、档案、数据库、软件系统、电子文档等非结构化方式散布在企业内部各个位置。由于认识角度和认识深度的差异，各种工业技术呈现局部化、不完整、不深入、冗余重复、新旧混杂、缺乏系统性、逻辑混乱甚至相互矛盾等各种情况。如果仅仅是对这些知识进行简单堆积存放，很难有效利用并发挥其价值。这就需要对已有工业技术知识按照工业技术体系和工业 APP 体系规划要求进行系统性梳理，提取典型特征并完成知识的特征化描述。而一般的数据建模过程，更得是从海量数据中分析并提取出典型特征要素，完成特征化描述。

（3）封装/发布

当对知识完成特征化描述后，可通过技术建模活动完成对特征化工业技术知识的抽象和模型化表达，形成知识模型，然后使用软件技术将知识模型转化成工业 APP。

由于工业领域的复杂性，在由知识模型转化为工业 APP 的过程中需要考虑多方面的因素：第一是关于合规性问题，工业 APP 也需要遵循各种标准和规范；第二是封装工具软件的问题，工业领域包含四类模型，这些模型需要利用不同的工具软件完成，特别是描述对象时的各种领域工具软件，需要在知识模型转化成工业 APP 的过程中完成工具软件适配器的封装；第三是关于数据交换问题；第四是人机交互问题。此外还可能包括从数据库中调用数据（比如材料数据）的问题等，这些都是在APP开发过程中需要考虑的事项。

工业APP开发完成后，还需要一个特定的发布流程才能正式发布。经过正式发布的工业APP才是一个满足基础可信、可用的工业APP。

（4）评估/应用

工业技术要素通过软件化过程形成工业APP并投入工业领域重用前，需要一个基础，这就是工业APP的可信度、可用性等。工业APP评估的作用就是保证工业APP可信、可用。

因此，在工业APP开发完成之后需要进入工业APP评估环节，该环节采用多种评估方式（比如专业评估、用户评估等），评估工业APP在工业场景中的应用效能，以及是否能够在功能和效果上有效解决工业特定环节的问题。

此外，质量管理应该贯穿整个工业APP开发过程，才能保障工业APP质量。经过专业评估的工业APP可以投入使用，并在工业领域中重用。

（5）工业APP生态

从工业APP的定义看，工业APP仅解决特定问题，对于复杂的工业领域，需要大量工业APP相互组合来解决一些复杂的工业问题。由于工业所涉及的领域太多、太复杂，这就需要更多的力量来共同支撑工业APP所需要的工业技术要素定义、工业APP开发、工业APP标准定义、工业APP评估、法律法规、工业APP保护等，这就形成了一个庞大的工业APP生态体系。

工业APP生态的形成需要全社会的力量：政府在政策/法律法规上的支持、对知识的保护，工业界对工业技术知识的积累与开拓，学术界对工业APP理论体系的探索，IT界对信息技术的研究探索以及同工业技术的进一步融合，企业对工业APP的开放性思想与共享文化支撑，全社会的知识工作者共同参与等。工业互联网平台对工业APP生态的形成具有重要的推动作用，提供了社会化力量广泛参与的舞台和技术上的支撑。

应用维

应用维描述了工业 APP 的目的、分阶段目标和发展路径，以及工业 APP 应用前景，借助工业技术软件化理念、工业互联网平台以及人工智能技术，包含从单元重用、组合重用、基于工业互联网的大规模分享，再到完整工业 APP 生态体系下的智能应用四个阶段。应用维的增加使得工业 APP 体系整体升维，形成了从三维到四维的动态体系结构。

将工业品生命周期过程中的技术要素通过软件化封装和固化的根本目的是在工业实践中重用这些工业技术知识，并借助工业互联网扩大工业技术知识的价值。在应用这个维度上，基于时间的推移，随着工业 APP 的成熟度和数量的提高以及 APP 生态的不断形成，可将应用目标的实现分为四个步骤，稳步推进。

（1）单元重用

单元重用描述了工业 APP 的最初应用形态，即在工业 APP 的数量不够丰富，尤其是同系列工业 APP 不完善的情况下的一种初始应用状态。通过单元重用，可解决相对比较简单的特定问题，提升工业技术知识的价值。工程师个人或者开发团队针对一些特定的工业技术要素封装和形成特定的工业 APP，该工业 APP 解决特定的问题。针对这些特定的、重复性问题，工程师个人或团队内部利用特定的工业 APP 进行单元重用，重复性地解决特定问题。随着工业 APP 成熟度的提升，单体 APP 也可以借助工业互联网平台实现广泛的分享重用。

（2）组合重用

组合重用过程描述了工业 APP 更进一步的应用形态。随着工业 APP 数量的增加，尤其是可以解决同一大类问题的同系列工业 APP 的丰富，将多个工业 APP 按照一定的业务逻辑进行组合，可在更复杂的业务对象的构建和描述过程中重用，提升工业技术知识的价值。比如在前面"工业APP的本质"一节提到的使用多个工业APP驱动飞机总体设计的例子，就是由一系列可以支撑飞机总体设计的APP通过组合应用，完成飞机的总体设计和分析的典型应用。

组合重用模式的应用范围在当前情况下往往发生于企业范围内，由于涉及多个同系列工业APP的支撑，这种重用通常是在企业内部工业APP体系规划指导下，在完成了APP体系内各工业APP的建设后的一种应用。重用的范围可以是个人的组合重用，也可以是部门的组合重用，还可以是企业范围内的组合重用。

组合重用可以是工业APP的嵌套组合应用，也可以是松散的组合。

在嵌套组合应用中，在多个工业APP之上，还需要一个工业APP来定义各APP之间的组合逻辑以及数据交换。嵌套组合应用实际上是形成了一个新的、由多个APP固定组合来解决更复杂问题的新工业APP。

而对于另一种松散的组合应用，可以在APP应用环境中临时定义多个APP之间的组合逻辑和数据关系，解决临时性复杂问题。这两种组合重用模式目前都存在。

（3）工业互联网分享

工业互联网分享描述的是一种工业APP应用的新模式，利用工业互联网，汇集更多的工业APP资源，开展更加广泛的工业APP流通与分享。工业技术知识只有在分享的文化氛围下才能形成倍增效应，工业技术知识的价值才能得到更广泛的体现。

其实，不管是单元重用还是组合重用，只要成熟度达到并经过正式流程发布的工业APP都可以实现工业互联网分享。之所以将工业互联网分享定位在第三个步骤，主要还是基于对工业互联网平台作为"工业操作系统"这一定位的成熟度来考虑的。关于这部分内容请参考"工业APP与工业互联网平台"一节。

工业互联网分享模式提供了一种更广泛的分享应用，其重用范围是在整个工业互联网,通过工业互联网汇聚更多的工业 APP 资源,需求方根据工业互联网平台的流通规则获得相应的工业 APP 后,在相应的工业 APP 应用环境中实现工业 APP 的重用,可以是单个工业 APP 的单元重用以解决特定问题,也可以是多个 APP 组合重用以解决复杂问题。

工业互联网分享模式需要相应的使能支撑要素,包括工业 APP 评价系统、工业 APP 保护、工业 APP 交易环境、工业 APP 应用环境等使能系统。

未来,随着 5G 通信技术的发展,工业 APP 的应用模式有可能从工业互联网扩展到移动互联网,这个时候的手机将与计算机一样作为一个终端出现。

(4)智能应用

智能应用过程描述了更长远的未来,此时工业 APP 生态比较完善,是与先进技术结合后的一种高级应用模式。工业 APP 智能应用主要包括在工业 APP 生态中的智能匹配,以及工业 APP 的自我进化与优化两方面智能模式。

随着工业 APP 的体系越来越完善,工业 APP 数量越来越多,这个时候必将面临一个问题,对于这么多的 APP,哪一个才是解决自身问题的工业 APP 呢?通过工业 APP 与语义集成的方式实现工业 APP 智能匹配,当用户在任务需要的时候,平台可智能地匹配到解决该问题的工业 APP。

另一方面,人们对事物的认知逐渐深入,随着时间的推移,技术的发展也不断深入,人们从客观事物获得的数据与信息越来越多,认识事物的角度也会不断增加,工业技术知识也会不断扩展,而将工业 APP 与人工智能相结合,通过机器学习实现工业 APP 在应用过程中的自我优化与完善,是工业 APP 智能应用的一种更高级应用形式。

工业 APP 架构内涵

工业 APP 架构内涵主要是确定工业 APP 参考架构中所包含的各种架构实体，以便于指导人们在定义、实现以及应用工业 APP 中围绕这些架构实体开展相应的具体工作。架构实体的描述通常需要基于工业 APP 利益相关方的关注点，并从工业 APP 参考架构确定的四个视角（即四个维度）来确定工业 APP 架构实体，指导各利益相关方开展工作，推动工业 APP 发展与应用。

在工业 APP 的参考架构中，主要的利益相关方包括：工业 APP 的使用者和开发主体（这里主要包括工业技术知识的拥有者、企业）、各级政府部门、行业领导者企业、行业联盟、工业互联网平台及平台企业、法律法规与标准、高校以及社会化知识工作者、新兴技术以及资本等。每一个或每一类利益相关方都有不同的关注点并对工业 APP 产生影响，这些关注点形成了工业 APP 的各种实体要素，也就是工业 APP 的架构内涵。

按照表 2-1 所示，使用视角要素矩阵分析不同利益相关方在工业品生命周期、技术要素、软件化以及应用四个视角上对不同要素的关注点，然后根据关注点整合形成架构实体要素，这些架构实体要素构成了如图 2-14 所示的工业 APP 参考架构内涵，成为指导工业 APP 不同利益相关方开展工作的顶层指南。

表 2-1 利益相关方所关注的视角要素矩阵

视角要素	政府	使用者	开发主体(企业及企业员工)	行业领导企业	行业联盟	工业互联网平台及平台企业	法律法规与标准	高校	社会化知识工作者(开发者主体)	新兴技术	资本
政府	体系/标准,生态建设推进,政策法规	顾客发布,APP需求,需求拉动,响应生态建设	共享企业文化	贡献行业先进技术、标准等,使用或分享APP响应生态建设	行业标准贡献	工业APP生态育载体,实施方案推进	标准完善	工业APP生态之人才培育	APP开发与分享	新技术让APP应用更方便	APP生态建设基金
使用者	鼓励开放自主工业APP应用	应用评估,需求提出	提供有价值APP,可切实解决实际问题	领先技术溢出	APP可信	APP应用环境	APP合规、可移植		贡献更多可用APP形成完整生态	新技术应用	
开发主体(企业及企业员工)	政策支持,资金扶持	应用评估,需求提出	工业品技术要素,知识定义、体系/标准,APP封装	行业体系规划	行业标准、评估	APP封装开发环境	标准,知识保护、技术转化	流程方法等基础知识定义	遵循行业标准完成工业APP开发	知识抽取、定义,新技术应用,现有技术溢出	技术转化,价值体现
行业领导企业	行业政策支持,尤其针对地方特色行业的政策支持		响应行业体系指引,积极完善工业APP体系,开发工业APP	行业工业品的技术要素、体系/标准	行业标准、评估	开发、应用环境,行业生态载体	行业标准	行业人才培训,行业基础知识建设	遵循行业标准完成工业APP开发	新技术支撑	
行业联盟	政策引导	APP的可信度,成熟度以反馈初步评价	遵循行业标准,贡献企业领域技术APP	积极参与行业标准建设,贡献要素技术/领域技术APP	行业工业品技术要素、体系/准入生态度/评估	行业性平台建设	行业标准	行业人才培训,行业基础知识建设APP开发	开发者	新兴技术标准	
工业互联网平台及平台企业	政策及资金支持,基础建设	需求发布,意见反馈,应用评估	建设并使用相关能环境,分享APP资源	行业性平台建设	平台标准合作	使能环境,生态载体,价值体现,新技术应用	标准,知识保护、技术转化		合规	新兴技术支撑	投资与运作
法律法规与标准	政策指导		遵循标准			合规			合规	新兴技术标准	
高校	人力资源与人才培育政策指导		校企联合,推进APP开发		行业标准、评价标准、质量标准等	人才培育		人才培育,APP消费,生态建设	知识定义,APP封装与价值体现、技术转化		
社会化知识工作者(开发者主体)	政策法规	应用评估,需求提出	行业体系/标准规范	行业性APP开发	行业性标准规范	开发者社区提供	标准,知识保护、技术转化				
新兴技术	新兴技术使用要求,新的应用场景	新兴技术使用要求,新的应用场景	使用新兴技术,大胆革新	使用新趋势、新技术带来的新的标准	新趋势、新技术带来的新的标准	新的应用场景	新兴技术背景下的知识保护	新兴技术研究	知识定义,技术要素抽取、封装与应用	技术转化,价值体现	
资本	政策引导		提供好的投资对象,获得投资转化			提供好的投资对象	价值保护		提供好的投资对象,获得投资转化		技术转化,价值体现

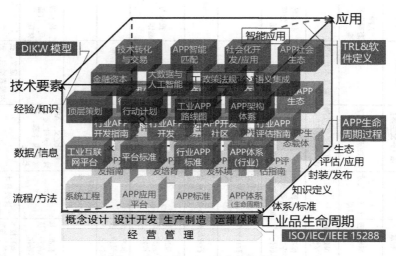

图 2-14 工业 APP 参考架构内涵

工业品生命周期-技术要素-软件化三个维度的组合以及在应用维度上的衍生，构成了工业 APP 的一个动态参考体系架构。基于不同利益相关方的关注点，形成了包含工业品生命周期、技术要素与软件化以及应用等四个视角的至少 36 个关键实体：顶层策划、行动计划、工业 APP 路线图、工业 APP 体系规划、系统工程方法、APP 应用平台、APP 标准、APP 体系（生命周期方向）、APP 开发指南、APP 开发培育、APP 开发环境、APP 评估指南、APP 评估机构、APP 生态体系标准、APP 知识产权保护、APP 生态载体、工业互联网平台、平台标准、行业 APP 标准、APP 体系（行业方向）、行业 APP 开发指南、行业 APP 开发、APP 开发社区、行业 APP 评估指南、集团/行业平台、知识产权保护、APP 交易与运营、行业 APP 生态、金融资本、大数据与人工智能、政策法规、语义集成、技术转化与交易、APP 智能匹配、社会化开发/应用、APP 社会生态。这 36 个关键要素构成了工业 APP 比较完整的体系，可以支撑工业 APP 在一个比较长的时间内开展相关工作。

工业 APP 与工业软件

工业软件包括基础和应用软件两大类,其中系统、中间件、嵌入式属于基础技术范围,并不与特定工业管理流程和工艺流程紧密相关,以下提到的工业软件主要指应用软件,包括运营管理类、生产管理类和研发设计类软件等㊀。

根据前瞻产业研究院发布的数据,2016 年我国工业软件行业中产品研发类如 CAD、CAE、CAM、CAPP 等占比约为 8.3%,信息管理类如 ERP、CRM、HRM 等占比约为 15.5%,生产控制类如 MES、PCS、PLC 等占比约为 13.2%,其余 63% 均为嵌入式软件开发。

在前瞻产业研究院的报告中,工业软件分为产品研发、信息管理、生产控制和嵌入式软件四大类。本书采纳了该报告中的分类,因此,本书提到的"工业软件"主要是指通用应用系统软件,包括 CAD/CAE/CAM 计算机辅助建模类软件、PLC/SCADA 等工业控制软件、PLM/ERP 等信息管理系统。

㊀ 前瞻产业研究院.2017—2022 年中国软件行业市场前瞻与投资战略规划分析报告 [R].2018.

工业 APP 与移动消费 APP 的区别

在工业互联网出现之前，互联网已经在消费领域、服务业广泛应用，消费领域与服务业的 APP 数量已经非常庞大，已经融入到人们日常生活的方方面面，如社交、出行、购物、餐饮、娱乐等。

工业 APP 与消费领域 APP 有什么区别呢？工业 APP 不同于消费领域的移动 APP，除了面向的领域和针对的对象不一样，它们关键在建模上存在本质的区别。移动消费 APP 主要面向消费领域，针对的是一般消费个体在某一项消费与服务上的共性问题提供的应用。由于人们的消费需求具有很大的共性，因此，移动消费 APP 可以出现所谓的"爆款"，即数百万甚至数千万用户使用同一款 APP，比如微信；由于工业领域的复杂性，除基础共性的 APP（如标准体 APP）外，大多数工业 APP 都是针对特定领域和问题的。

移动消费 APP 与工业 APP 最关键的区别还在于模型类型和建模两方面，消费领域主要集中于两类模型——过程模型和数据驱动模型，这两类模型的建模都相对比较简单。

移动消费 APP 不需要对服务对象进行建模，也很少涉及机理模型，只需图片和文字说明，并通过数据建模，分析和掌握人们的消费心理和趋势。这两类模型构建相对比较简单，因此在消费与服务领域，中国的消费互联网平台与消费领域的移动 APP 可以比国外同行发展得更好。除了人口红利，关键一点就是这类 APP 开发相对比较简单。

工业 APP 远比移动消费 APP 复杂，在前面的章节已经讲到，工业领域涉及四大类模型，尤其大量的不同专业领域对象建模和工业机理模型，这两类模型的构建的复杂程度远远高于消费领域 APP 的建模。

虽然工业 APP 也是一种工业应用程序，它不同于服务业与消费领域的移动 APP，但也不同于工业软件。在当前阶段，工业 APP 与工业软件具有明显的区别,不是一般的云化工业软件。

工业APP与工业软件的区别

工业APP是工业软件发展的新形态[⊖],工业APP常常以微服务的方式运行在工业互联网平台。根据不同工业场景的个性化需求提供不同的服务,从而发展成工业软件的新阶段。未来,更多工业APP将脱离一个部门、一家企业和一个组织,以不同的商业模式通过工业互联网平台提供公众性服务。

工业APP与工业软件都归属于工业应用程序大类。从总的发展趋势来看,工业APP是工业软件发展的新形态,但这并不是说工业APP和工业软件之间没有区别,至少在当前阶段,工业APP与工业软件还是存在明显差异的。

为了讲清楚这个问题,我们从工业品的建模这个视角,并且从研发设计与制造、管理与运维两个不同的领域进行分析。

之所以放在研发设计与制造、管理与运维这两个领域来分析,主要是工业领域存在的四大类模型中,对象模型和机理模型主要在研发设计和制造环节中大量应用,管理和运维环节更多地使用数据建模和过程建模。

在当前阶段,在研发设计和制造环节,工业APP不同于工业软件;在管理与运维环节,工业APP与工业软件在功能上趋同,但在目的、开发主体、体量等方面还存在较大差别。

(1)研发设计与制造领域的工业APP与工业软件存在明显差异

首先,在产品开发建模方面,工业APP与工业软件存在巨大差距。工业APP需要对产品对象进行精确描述,需要多专业、多领域的建模引擎和领域知识支撑。

在产品研制这个领域,涉及逻辑层面、物理层面的不同建模表达,在物理层面又涉及结构、电子、电磁、软件、控制、光、流体等不同的专业

⊖ 赵敏.工业APP:工业软件的新形态[C].工业APP 50人闭门会,2018-08-16.

领域，以及制造工艺过程中车铣、刨、磨、镗、热、表、铸、锻、焊等工艺，每一个专业的建模引擎完全不一样，即便是结构这一个专业领域，还存在不同的几何建模引擎，每一个建模引擎又涉及大量的数学物理基础研究，是整个国家基础研究上的积累，不再是哪一个工业APP能够解决的。因此，不能要求每一个工业APP都有自己的领域建模（不是数据建模）引擎，这根本就不是工业APP能实现的。怎么解决这个问题呢？在实践中，由工业软件提供领域建模引擎，工业APP驱动工业软件建模引擎完成领域建模。所以，我们才说，只有当作为工业操作系统的工业互联网平台能够提供工业APP这些建模引擎的时候，工业软件才能真正发展到工业APP这种新模式。在当前阶段，它们还存在根本区别。

其次，永远也不要幻想完全使用工业APP来完成一个工业产品的设计，工业APP是对那些相对确定的知识的结构化、形式化的表达与应用。任何一个"新"产品的开发（注意这里的"新"字说明了产品的创新性）都基本遵循"70%重用+20%修改+10%创新"这个设计原则。大多数工业APP是对产品开发中70%部分的工业技术知识的表达，以及20%当中一部分的描述。如果全部使用工业APP开发一个产品，那么这个产品除了集成涌现的创新之外，一定缺乏核心技术创新。依靠什么来完成产品开发中这10%的创新部分呢？依靠工业软件，利用其建模引擎中最基本的点、线、面、体和逻辑关系来表达人们在产品开发中10%的创新部分。

（2）在管理与运维领域，工业软件在功能上与工业APP组合应用比较相似，但在其他方面存在比较大的差异

当前阶段，大多数工业互联网平台企业都关注运维和保障领域的工业APP（主要是数据驱动的模型）开发，基于对工业问题认识和数据分析后进行数据建模，这是一种相对简单的数学表达，这种数据建模可以在一个工业APP中完成，由于这种情况下工业APP与工业软件在建模上不存在根本的区别，所以在管理与运维保障领域，多个工业APP组合与过去的工业软件在功能上的效果基本一致，这种情况下可以认为工业软件在功能上就

是一系列工业APP的组合。但是，在其他方面，工业软件与工业APP还是存在比较大的差别，具体内容详见"工业APP与专家系统的区别"一节。

这里，我们主要从建模与创新这两个核心的视角区分二者，并且从产品研制与管理运维这个环节来分别对待。在产品研制环节，工业APP明显不同于工业软件；在管理与运维环节，工业软件在功能上可以看作一系列工业APP的组合。

（3）工业APP与工业操作系统

随着工业互联网平台的不断成熟，未来的工业互联网平台如果能够提供全面的建模引擎，即不管是研发领域的建模引擎，还是制造、运维以及管理领域的建模引擎，都能通过工业互联网平台来提供，所有APP都使用平台提供的工业建模引擎完成建模工作，工业APP只封装工业技术知识与应用，这个时候的工业互联网平台就成为工业操作系统。这里所说的通过工业互联网平台来提供工业建模引擎，并不是说所有的建模引擎全都由工业互联网平台本身提供，而是通过广泛的工业软件适配器，将各专业领域的工业软件的适配器接入工业互联网平台，作为建模引擎资源提供给工业APP调用。

目前国内的大多数工业互联网平台都有将自己建设成为某个领域的工业操作系统的愿景，但是，如果平台不能提供在该领域完善的工业建模引擎，要想将平台建设成为工业操作系统，基本上就是空谈。从这个意义上来说，由于我国长期以来对工业软件的忽视，以及缺乏对工业领域建模引擎的研究投入，从产品整个生命周期来看，中国的工业互联网平台在一开始就已经输在起跑线上了，而传统的PLM厂商由于扎实的工业建模基础，具有天然的技术优势。

随着工业操作系统成熟度的提升，现阶段的工业软件所提供的建模支撑将更多地融入工业操作系统中，成为工业操作系统需要管理和优化的资源，社会化的工业APP在工业操作系统上运行以完成不同应用。

（4）不能简单地将云化工业软件当成工业APP

既然不能一概而论地认为工业APP是工业软件，也就不能简单地把工业软件的云化视为工业APP。

比较有意思的是，国内现在有不少工业互联网平台将OA、财务管理软件、CRM等各种管理软件部署在云上，就对外称有多少工业APP了。这其实只是改变了部署方式和运营模式而已。举个简单的例子，如果把Word云化部署，解决了你写一篇好文章的问题了吗？把财务软件云化部署，就能做好财务管理了吗？

工业APP是要沉淀各种工业技术知识，把这些工业技术知识变成工业应用程序，帮助我们更好、更高效地完成工作。

工业软件云化并没有改变工业软件的本质，因此也就不能说工业软件云化后就变成了工业APP。

为了能够更清楚地描述工业APP与工业软件的区别，接下来从不同维度对工业APP与工业软件进行区分。

开发工业APP的目的是沉淀和积累工业技术知识，工业APP本质上是工业技术知识、经验与规律的载体。

工业APP是指基于工业互联网平台和广义应用终端、承载工业技术知识和经验、满足工业用户特定需求的应用软件，是工业技术软件化的重要成果。

工业APP面向工业产品全生命周期相关业务（设计、生产、实验、使用、保障、交易、服务等）的需求，把工业产品及相关技术过程中的知识、最佳实践及技术诀窍封装成应用软件，是工业技术知识和技术诀窍的模型化、模块化、标准化和软件化，能够有效促进知识的显性化、公有化、组织化、系统化，极大地便利了知识的应用和复用。

相对于传统工业软件，工业APP具有轻量化、定制化、专用化、灵活和复用、与原宿主解耦等特点。用户复用工业APP可被快速赋能，机器复用工业APP可快速优化，工业企业复用工业APP可实现对制造资源的优化配置，从而创造和保持竞争优势。

工业APP与工业软件的关系类似于知识与工具的关系，工业APP是知识，工业软件是工具。

工业 APP 既不是一般的工业软件，也不是工业软件的云化，二者目的不同，本质上有差异，开发主体、建模能力也存在非常大的区别。表 2-2 从目的、本质、开发主体、开发模式、体量、建模能力等方面将工业 APP 与工业软件进行了对比。

表 2-2　工业 APP 与工业软件的区别

	工业 APP	工业软件
目的	面向特定场景，解决特定问题，满足特定需求，是一种更为具体的应用程序	解决一类或多类问题，满足一类或多类需要，面向多种不同的应用场景，具有普适性，是一种更抽象的工业应用程序
本质	工业技术知识、实践经验、工业运行规律的载体。也就是说，工业 APP 本质上具有知识属性	提供人们应用工业知识、实践经验与规律的支撑框架，是通用工业原理、基础建模、计算、仿真、控制与执行等要素的集合，不以提供具体的工业技术知识为主。也就是说，有了工业软件，如果缺乏工业技术知识，也不一定能完成相应的工业技术工作。工业软件本质上具有工具属性
体量	工业 APP 具有小、轻、灵的特征	工业软件需要独立提供全面的要素（建模、数据库等），体量大
开发主体	以工业人为主，可以是个体，也可以是组织（工业人对工业技术知识的表达）	"IT 人 + 工业人"，IT 人对工业技术知识的软件表达。通常是多人协作或一个组织
开发模式	轻代码化，可以由个人完成。不需要大量代码工作，通过简单的拖、拉、拽等操作和定义完成工业 APP 开发，便于工业人沉淀工业知识	大量代码开发工作，通常由一个组织协同完成
建模能力	具备通用的数学建模能力，缺乏专业的、领域建模引擎，通过调用专业引擎完成专业领域建模	具备专业的领域建模引擎，可以完成复杂的创造性模型构建

工业 APP 具有典型的"知识"属性，而工业软件具有明显的"工具"属性。工具可以提升效率，但不能保证结果的好坏，而知识与工具的结合既能提升效率，又能促进结果向更好的方向发展。因此，工业 APP 虽然与工业软件存在明显的区别，但工业 APP 往往需要与工业软件结合在一起使用，才能在实践中发挥出更好的效果。

工业 APP 与专家系统的区别

十几年前比较流行"专家系统",专家系统也强调专家知识,那么专家系统与工业 APP 有什么区别呢?

专家系统是一个智能计算机程序系统,其内部含有大量的某个领域专家水平的知识与经验,能够利用人类专家的知识和解决问题的方法来处理该领域问题。也就是说,专家系统是一个具有大量专门知识与经验的程序系统,它应用人工智能技术和计算机技术,根据某领域一个或多个专家提供的知识和经验,进行推理和判断,模拟人类专家的决策过程,以便解决那些需要人类专家处理的复杂问题。简而言之,专家系统是一种模拟人类专家解决领域问题的计算机程序系统。

从上述专家系统的定义可以看出,专家系统是人工智能的一个分支。而工业 APP 的主要目的是沉淀工业技术知识,并广泛传播。对于专家系统的推理与判断功能,可以通过在 APP 中组合封装推理与判断算法来实现 APP 的智能应用,进而实现与专家系统相似的功能。工业 APP 是否可以开展人工智能应用主要看工业 APP 是否封装了开展人工智能应用的推理与判断算法,如果工业 APP 或者工业 APP 的组合中包含推理与判断算法,工业 APP 也可以开展与专家系统相似的应用。

结合两大类工业 APP——过程驱动类和数据驱动类工业 APP,过程驱动类工业 APP 主要是承载知识、沉淀与应用已有知识的载体,包括大量算法类知识。这类工业 APP 的主要目的是对知识的高效重用。数据驱动类工业 APP 可以通过数据建模和基于数据进行趋势分析与判断。过程驱动类工业 APP 与数据驱动类工业 APP 的组合与专家系统非常相似。

此外,工业 APP 与专家系统还是有明显的技术上的区别。工业 APP 强调社会化,强调生态,利用生态解决复杂问题,因此从技术实现上采用微服务架构,从技术上支撑广泛的社会化资源以推动工业 APP 生态的建设与应用。

工业 APP 与工业互联网平台

无论是 GE 所定义的数字工业，还是本书所定义的数字工业，其中工业 APP 与工业互联网平台都是两个核心要素，《工业互联网 APP 发展白皮书》中更是直接将工业 APP 称为工业互联网 APP。可见，工业 APP 与工业互联网二者关系非常密切。从长远发展来看，工业互联网平台提供工业 APP 开发与运行的工业操作系统；工业 APP 通过"软件定义"对工业互联网平台赋能、赋智；并且工业互联网平台提供工业 APP 生态聚合的平台与载体。

工业互联网和工业互联网平台

工业互联网是互联网从消费领域和服务业逐渐渗透到工业领域的应用，本质上是通过互联网实现工业（包括工业领域的各种要素、企业、产品、产业链等）同外部交互的延伸，并通过交互延伸实现整合与涌现。工业互联网的核心是连接。

工业互联网平台是为了让工业要素可以互联互通并实现要素整合的平台化载体，工业互联网平台本质上是要借助互联网，提供工业领域的工业操作系统，并通过工业操作系统实现工业要素互联与整合。工业互联网平台的核心是工业操作系统。

一个工业互联网平台就是一个资源生态，运行在工业互联网平台的各种应用程序本质上都离不开平台的各种工业资源（如云计算、云存储、工业软件、工业设备、人、工业技术知识等），工业操作系统管理和配置各种工业资源，控制各种工业资源通过工业互联网进行连接，管理各种工业软件和工业设备的输入和输出，匹配计算、存储资源和工业技术知识，管理工业软件和工业设备之间的交互以及它们同用户之间的互操作。

类似于计算机操作系统的构成，工业操作系统也应该包括四大部分：①工业软件和工业设备的适配器（工业设备驱动和工业软件接口程序），接入工业软件和工业设备等资源；②工业操作系统的内核，提供基础性、结构性功能，包括工业建模引擎、资源管理与优化等；③API 库，给用户提供开发各种工业应用程序的组件化 API 库，支撑用户调用工业操作系统的各种基本服务，以及开发自己的工业 APP；④其他服务。

工业 APP 赋能工业互联网平台

工业 APP 赋能工业互联网平台是从"软件定义"角度的一种描述。工业 APP 作为一种工业应用程序，通过工业 APP（软件）定义使其具有解决工业领域相关工程问题的能力。

在谈论工业 APP 赋能工业互联网平台这个话题时，有必要了解"软件定义"与"赋能"。在美国提出工业互联网概念时，其中很重要的一个特征就是"软件定义机器"（Software Design Machine，SDM），到了今天，我们将其扩展为"软件定义一切"。

所谓"软件定义"就是：①通过软件驱动对象的行为逻辑从而使对象具备特定的功能性能。通常这类实体对象本身需要具备一定的柔性，通过软件驱动可以使对象的功能性能在特定范围进行柔性重构；或通过软件驱动对象的行为逻辑使对象的功能性能在特定范围进行自适应调整。②软件定义需要一个前提，就是要在更高的抽象层级理解被定义对象的行为。因此，从这个意义上讲，软件定义更是一种方法论，是一种行为导向的设计方法论，这里的行为不是人的行为，是系统完成特定使命任务的抽象行为。

软件定义的是特定对象的行为逻辑与行为逻辑的特定性能，也就是说，软件赋予了特定对象的行为逻辑与功能性能，通过软件定义从而实现软件赋能。

作为一种工业应用程序（也是一种广义的软件），工业APP是如何赋能工业互联网平台的？为此，请大家思考一个问题：为什么90%以上都是工业品流通的某知名电商平台是消费互联网而不是工业互联网？

即便电商平台上流通的绝大多数都是工业品，但电商平台不是工业互联网，其主要原因就在于驱动电商平台的是一套与商业逻辑以及商业交易相关的软件与APP。当然，工业APP并不是决定消费互联网和工业互联网的唯一因素，很多其他因素如工业设备的接入、工业软件的接入、工业应用场景等，与工业APP共同决定了是否工业互联网平台，但是工业APP是其中重要的因素。

缺乏工业APP的工业互联网平台就同缺乏应用程序的计算机一样。很难想象让人使用一台没有应用程序的计算机来解决一些实际问题。如果缺乏工业APP，工业互联网平台与工业互联网没有多大的区别，将不具备解决用户实际工程问题的能力。因此，从这个意义上讲，是工业APP赋予了工业互联网平台解决工业问题的能力。

工业互联网平台为工业APP提供工业操作系统

从长远来看，工业互联网平台将作为工业操作系统，提供对工业APP等工业应用的支撑。未来的工业APP只作为工业技术知识的载体，工业互联网平台将提供工业APP开发与建模、测试、运行等环境支撑和资源支持。在工业 APP 开发过程中，需要使用到的开发环境、组件化的 API 接口、工业建模引擎等都由工业互联网平台提供，或通过工业互联网平台调用所接入的工业软件与工业引擎，完成不同类型、不同工业领域的工业 APP 建模；不管是过程驱动类工业 APP 建模需要的各种专业领域引擎，还是数据驱动类工业 APP 的数据建模引擎，都通过工业互联网平台来提供。工业 APP 通过工业互联网平台这个工业操作系统，实现对工业资源的调用以完成各种应用。这个时候，工业互联网平台提供了工业 APP 运行所需要的各种适配器和驱动、工业资源的管理与调配，提供了工业 APP 开发的 API 接口，真正发挥了工业操作系统的作用。

工业互联网平台为工业 APP 生态提供载体

工业互联网平台还具有基础的互联互通功能，可以聚合社会化的各种资源来构建资源池，形成互联网生态，进而构建工业 APP 生态体系。

工业领域的问题太复杂，因此复杂工程问题的解决需要多个工业 APP 组合完成，这就要求工业 APP 具备完整的生态。工业互联网平台的聚合作用可以整合工业 APP，促进工业复杂问题的有效解决，进一步增强工业 APP 解决工业实际问题的能力。

此外，工业互联网平台还可以聚合工业人才资源。工业人才资源是形成工业 APP 的核心要素，越来越多的工业人才可以促进工业 APP 生态的快速形成。

工业 APP 的意义与价值

作为工业技术知识的载体,工业 APP 承载了工业的基础与未来,从不同的层面带来不同的价值和意义。工业 APP 从本质上解决了工业技术应用效率的问题,并对工业、制造业模式、软件行业等产生重要影响,同时也对国家和企业等具有重要的现实意义。

工业 APP 对中国制造的价值

在宏观层面,从中国制造和数字工业的视角,工业 APP 对中国制造和数字工业具有核心驱动作用。

(1)工业 APP 是制造业的核心驱动力

中国经济从消费驱动型数字经济向工业驱动型数字经济转变,中国制造进入数字工业时代,然而任何时候,工业技术都是制造业的核心驱动力。因此,承载工业技术要素的工业 APP 是工业驱动的数字中国的核心驱动力。

(2)工业 APP 提升中国制造业的起点

按照新产品开发的一般规律,通常 70% 左右是重用已有的各种产品要素，20%是对原有的设计进行修改，10%才是真正的创新，修改部分与创新部分是产品增值的核心源头。图2-15揭示了工业APP在新产品开发过程中对产品研发起点提高的作用。

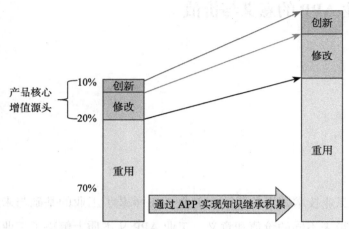

图2-15　工业APP在新产品开发中的起点提升

作为工业技术知识的载体，工业APP越来越丰富，沉淀的工业技术知识越来越多，通过工业APP可重用的工业技术知识部分将会越来越多，中国制造业的起点也将会越来越高。

工业APP对产业的价值

在中观层面，从产业的视角，工业APP可以解放人力，尤其是解放制造业高端人力资源，从而将更多精力用于创新，促进制造业创新发展。

（1）工业APP将人解放出来，有利于产业创新

以APP为代表的工业技术知识的运用更加成熟、高效，在实际工作中，APP上浮到人机交互层，而工具下沉到后台，通过工业APP可帮助工程师完成过去需要花费大量时间和精力来完成的事务性、重复性工作，将工程师从这些低效、低价值的劳动中解放出来，投入更多精力用于创新。

> **没有创新，就没有未来；没有效率，就没有创新。**

工业 APP 带来的效率提升，将人解放出来，为中国的创新研发、为中国制造向中国创造的转变提供了人力基础，是整个制造业产业界的福音。破解国内高端人才不足的难题，即利用机器代替企业员工的重复劳动。

（2）工业 APP 实现知识解耦，使得产业知识价值倍增

工业 APP 将知识与人解耦、知识与系统/工具解耦，有利于实现知识更广泛的共享，知识价值倍增。

工业技术软件化为知识与人解耦、知识与工具解耦提供了技术基础，为知识的社会化与广泛传递提供了基础，同时也为工业技术 APP 生态体系构建提供了基础，支配着整个工业的价值链体系；可以应用于从产品需求分析、概念设计、方案设计、产品设计、试制试验、工艺设计与生产、交付与运行服务，直到回收全过程的管理以及组织管理。其成熟度直接代表了一个国家工业化能力和水平。工业技术软件化是一种典型的人类使用知识和机器使用知识的技术泛在化过程，为知识自动化和人工智能提供了一条有效途径。

工业 APP 对企业的价值

从微观层面来看，工业 APP 可以给企业带来如图 2-16 所示的价值，包括：沉淀企业知识、提高研发/设计/生产/运维的效率、解决组织能力不均衡问题、避免知识流失、促进体系化专业建设、缩短员工培养周期等。

（1）沉淀企业知识

在很多中国企业都存在这样一个怪现象：每次开会时，坐在圆桌会议第一圈的通常都是拥有丰富经验的专家，但是这些专家一般不经常深入工程第一线，而在工程第一线的工程师们又非常需要专家头脑中的知识，但一般情况又很难获得。

这就形成了一个悖论：有知识的人不干活或接触不到具体事物，干活的

人缺乏知识，想要获得有知识的人的头脑中的知识与经验，又比较困难。

为了解决企业知识沉淀的问题，一些企业尝试使用知识管理、知识工程系统，即通过信息化手段来解决知识的沉淀与转化。这些系统往往由于信息化成分太重而比较难以得到工程技术人员在工业技术知识方面的输入。

图 2-16　工业 APP 对企业的价值

还有一些企业在专家们即将退休时，出资让专家将毕生的经验与知识通过著书立说记录并传承下来。写书是一种非常好的知识沉淀手段，但是同样存在知识转化与应用的难题。

还有第三种手段，就是工业人通过工业 APP 的方式进行知识的沉淀转化。在前面已经阐述过，工业 APP 开发的主体是工业人而不是 IT 人，提供了完整、快捷的将工业技术知识结构化、形式化和轻代码化表达的手段，因此容易被掌握工业技术知识的工业人所接受，加之工业 APP 不像书本知识还需要一次转化，可以直接使用，因此，工业 APP 所承载的知识转化与利用效率非常高。

下面这个例子是某船舶研究所利用工业 APP 实现企业知识沉淀和转化的应用。某船舶研究所设计专家在退休后利用 Sysware 平台，将自己头脑中的船舶工业技术知识封装成多个工业 APP，如图 2-17 所示，利用工业 APP 实现工业技术知识的传承与积累。

使用工业 APP 这种方式，解决了企业知识沉淀、转化与应用的难题，提升了知识转化与应用的效率。

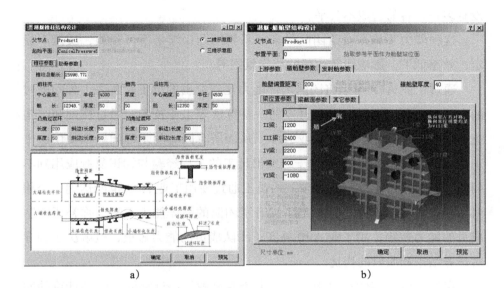

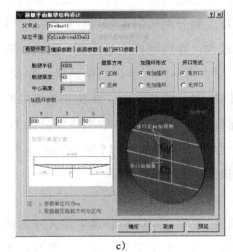
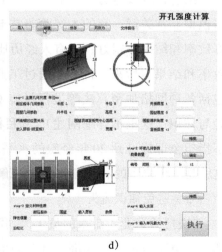

图 2-17　退休专家通过 APP 沉淀知识

（2）解决组织能力不均衡问题

在任何一个企业、部门中都存在员工之间能力的差异，所以领导在分派任务时，对任务完成的结果与质量不可预测，完全依赖于执行任务人员的能力。长此以往就在部门里形成"能者多劳"的情况，往往能者多劳却没有多得，容易造成不公平。

这种能力不均衡会给团队带来一系列问题：结果不可预测，质量不稳定，效率低下，影响团队内部的协作氛围等。

通过工业 APP 可以将团队内部能力比较突出的员工在解决工程问题时的方法、流程、经验，甚至开发的一些算法等工业技术，通过梳理和结构化、特征化表达，封装成工业 APP，从而所有同类的工程问题都使用这个工业 APP 来完成。这就相当于将突出员工的工程经验与知识复制应用到不同的工程应用中。能力相对较差的员工通过使用工业 APP 也能达到一个相对不错的结果与质量。这相当于提升了团队的整体能力水平，弥补了团队成员的能力差距，用工业 APP 补齐了团队成员的能力短板，也解决了领导对任务结果和质量的担忧。

在笔者所参与的项目中，有一个企业是做气动计算的。气动计算的网格模型非常关键，有的人经验非常丰富，划分网格的速度快、质量高，计算效率和结果都很好；也有人经历比较少，导致网格质量不高，影响计算效率和结果。后来，该企业通过工业 APP 将网格高手的网格经验、知识，包括各种网格加密算法等进行封装（网格划分极其复杂，涉及非常多的经验与知识，这里不详细阐述），其目标就是提升整个团队的网格划分能力，不指望全部提升到 20 年经验的水平，至少提升到 12～15 年的经验水平。这就是一个典型的利用工业 APP 来解决能力不均衡的应用。

（3）避免知识流失

"铁打的企业，流水的员工"，我们经常用这句话来形容企业人才的流动性。员工退休、离职都是常有的事情，但是由于很多知识经验都存在于员工的头脑中，员工的退休与离职都会造成相关知识的流失。对于企业来讲，员工的离职成本越来越大，找到一个合适的员工不容易，加入公司后适应公司业务、培养其成长为骨干又需要很长一段时间，如何在员工在职期间将其头脑中的知识沉淀固化下来，是企业发展、成长过程中必须要解决的问题。

知识管理系统、写成文档或数据都是知识沉淀的方法，而工业APP这种方式更加直观、有效，可以帮助企业避免因员工退休或者离职带来的真空期。员工留下的工业APP可以继续直接使用，避免了员工离职或退休后结果不可控或质量降低的问题，也避免了企业知识的流失。

（4）缩短员工培养周期

培养一个合格的员工很漫长，需要很多投入。在一次同航天某研究所所长的交流中，该所长提出了一个很形象的比喻：每一个从学校出来的学生都需要经历一个"从猴子变成人的过程"。这句话道出了员工培养与成长的艰辛。只要我们将企业知识沉淀下来，甚至开发成不同的工业APP，就可以让新员工站在前人的肩膀上、高起点、高效率地培养，缩短他们的成长周期。以前一个员工培养成熟需要5年，如果能从5年的培养周期缩短到3年或两年，这其中节省的人力成本和提前产生的价值会给企业带来直接的经济效益。

在一次论坛的对话环节，主持人提出了"企业应该如何留住人才"这个话题。在场的其他嘉宾从待遇、薪酬体系、激励机制甚至孩子读书、户口等方面提出了自己的见解。这些都是很关键的因素，是属于"硬"的要素。而笔者当时从另一个角度提出了自己的理解，认为企业若想留住人才，除了这些硬指标之外，还需要"软"的要素，企业要提供环境让每一个员工缩短其成长周期，体现自身价值。如果每一个进入企业或研究所的员工都需要经历漫长的从猴子变为人的过程，在年复一年、日复一日的重复性、事务性劳动中淬炼自己，5～8年后，刚从学校出来时的万丈豪气可能早就被磨平了。

从各个研究所的情况可以看到，大量具有硕士、博士学位的人都被埋没在一些没有任何创造性的"复制+粘贴"写文档的事情中——这些具有创造力的高学历人才哪有精力去创造？

工业APP可以把这些高价值人才从事务性活动中解放出来，让他们投入更多的精力用于各种创新。这种创新活动能充分体现他们的价值，带给他们工作的乐趣。

（5）工业APP可以提高产品研发、设计、生产与运维的效率

工业APP将工程实践中各种成熟的工业技术流程、方法、经验、知识等封装成可执行的工业应用程序，其中大量重复性、事务性工作都是由工业APP驱动相应的工具软件完成，工业APP上浮、工具软件下沉到后台，工程师不需要执行工具软件中的各种复杂操作，这给产品的研发、生产制造与运维带来了极大的效率提升。

在如图2-18所示的这个飞机机翼翼型设计例子中，需要从多个角度设置非常多的参考面和参考点。

如果使用传统的方法即工程师利用CAD工具进行操作，每一个参考面定义虽不复杂，但是这么多参考面却非常烦琐，总的操作时间也非常长。使用工业APP，由工业APP驱动背后的

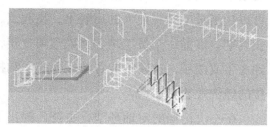

图2-18　机翼翼型设计中的复杂参考设计

CAD软件来完成，大致需要1～2分钟，这极大地提升了工作效率。工业APP对研发效率的提升还体现在重复迭代上，如上面提到的翼型设计，每一种新飞机的机翼都需要从数百种翼型中进行筛选，如果使用工业APP来帮助我们完成这些翼型筛选与设计，其累加的设计效率提升将是多么可观。

（6）促进体系化专业建设

在第三章中将会讲到，工业APP的开发将首先依据企业的专业领域构建工业APP体系，依据体系进行工业技术知识梳理与定义，在这个过程中，可促进企业对专业知识与技能进行分析，查漏补缺，弥补自己的短板或者开展外部合作，从而完成本企业的体系化专业建设。

第三章

工业 APP 生命周期流程

本章借鉴系统工程 ISO/IEC/IEEE 15288 系统生命周期流程标准，将工业 APP 作为系统对象进行研究，结合工业 APP 的特点，描述了工业 APP 的全生命周期流程。为了便于清晰地描述，将工业 APP 的生命周期简化分解为 24 个流程，但是在实际应用过程中，这 24 个流程并不是割裂的，也不是一成不变的。因此工业 APP 生命周期各流程在应用中会相互交叉与交互，并根据实际情况进行流程裁剪应用。

概述

将工业 APP 作为一个系统对象进行研究，工业 APP 也遵循系统工程的相关标准。借鉴系统工程 ISO/IEC/IEEE 15288 系统生命周期流程标准，结合工业 APP 的实际情况，可以将工业 APP 的一般生命周期流程划分为四个流程组，共 24 个流程，以规范工业 APP 的整个生命周期。

工业 APP 的一般生命周期流程

如图 3-1 所示，描述了工业 APP 的一般生命周期流程。在工业 APP 的一般生命周期流程中，包含技术流程、技术管理流程、协议流程与使能流程这四个流程组。

技术流程组描述了工业 APP 的技术实现过程，从知识特征化定义开始，明确对象以及 APP 要解决的问题和目标，梳理知识，抽取相关特征要素；通过业务建模、特征要素建模、数据（交互）建模、使能工具封装以及交互界面定义形成工业 APP；通过验证审核和价值确认后，实现价值交付；然后在应用环境中实现 APP 重用与价值实现，并基于应用实践不断优化工业 APP。

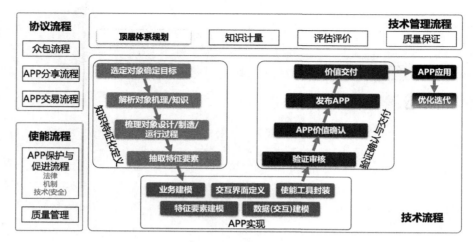

图 3-1 工业 APP 一般生命周期流程

"将工业技术变成软件需要四类人，第一类是能描述清楚系统对象的人，第二类是真正懂得工业技术的人，第三类是能将工业技术知识表述出来的人，第四类是能将表述出来的工业技术知识变成模型和软件的人。"⊖ 这段话非常精辟地阐述了工业 APP 技术过程中非常重要的内容。其中，第三类人就是完成技术过程中知识特征化定义的人，第四类人就是完成技术过程中对知识建模然后实现 APP 的人。

技术管理流程组描述了工业 APP 在技术实现过程中的管理，从工业 APP 顶层体系规划开始，在整个技术过程的知识特征化定义、APP 实现以及验证确认与交付环节，都要通过质量保障流程确保工业 APP 的质量，然后在 APP 验证确认与交付环节以及应用环节，发起知识计量流程与评估评价流程，以定性与定量地确定工业 APP 的价值。

协议流程组描述了工业 APP 在开发过程中利用工业互联网发布需求的众包流程、通过工业互联网进行工业 APP 分享的流程，以及 APP 交易流程。

使能流程组描述了工业 APP 开发、应用与运行的各种使能要素，包括工业 APP 在法律、政策机制以及技术上的各种保护措施，以及工业 APP

⊖ 杨学山．工业技术为什么又如何变成软件 [R]．工业技术软件化专题论坛，北京，2018-12-14．

质量管理流程。

工业 APP 生命周期流程应用与裁剪

1. 工业 APP 生命周期流程应用

在工业 APP 一般生命周期流程中，虽然将工业 APP 流程划分为技术流程、技术管理流程、协议流程和使能流程四个流程组，但是在工程实践中，这些流程并不是割裂的，必须要将不同的流程交互与嵌套应用。图 3-2 描述了工业 APP 生命周期中流程之间的交互与嵌套。

围绕着工业 APP 技术过程，技术管理流程、使能流程以及协议流程将在不同的流程中进行交互与嵌套。图 3-2 中的虚线表明了技术管理流程、技术流程、协议流程以及使能流程在工业 APP 生命周期中的交叉应用。

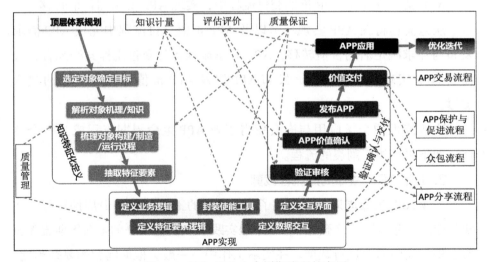

图 3-2　工业 APP 生命周期流程的应用

如图 3-2 所示，质量管理将在技术过程中同时开展，进行顶层 APP 体系规划后，在知识特征化定义、APP 实现以及验证确认与交付等环节将依照质量管理体系开展相关工作。

质量保障流程在知识特征化定义、APP 实现、验证确认与交付环节中用于保证知识特征化定义的质量、APP 实现的质量，以及对 APP 实现后的质量改进。

评估评价流程在验证确认与交付环节中的验证审核、APP 价值确认，以及 APP 应用等流程中对 APP 进行评估和评价。

知识计量流程在知识特征化定义、APP 实现以及 APP 价值确认流程中对知识点进行确认与计量。

APP 保护与促进流程从法律、机制与技术层面对 APP 进行保护，在 APP 实现环节中，通过关键技术实现对 APP 在核心知识点、安全的保护，在 APP 价值交付流程中，通过法律、机制以及安全技术实现对 APP 的保护与价值转移，并通过一系列鼓励和促进机制促进工业 APP 的开发和分享。

APP 交易流程在 APP 价值交付流程中，实现 APP 交易与价值转移。

众包流程将在 APP 实现环节以及 APP 价值交付流程中完成 APP 需求发布与需求满足后的价值转移；APP 分享流程将与众包流程紧密配合，且需要 APP 实现、验证审核、发布 APP 以及 APP 价值确认等流程的嵌入支撑。

这些流程的交叉应用与嵌套使得工业 APP 生命周期流程成为一个整体，而不再是相互割裂的流程。

2. 工业 APP 生命周期流程裁剪

工业 APP 生命周期流程描述了一个完整的工业 APP 生命周期过程，在实际应用中并不是一成不变的。在工程实践中，工业 APP 的生命周期流程通常会根据实际需要进行裁剪。在实际工作中，一般会根据问题的复杂程度，以及根据工业 APP 所描述的对象（主要指工业模型的类型差异）、工业 APP 的复杂度、应用模式的不同等差异，进行工业 APP 生命周期流程的裁剪。

3. 工业 APP 生命周期流程的裁剪原则

工业 APP 生命周期流程的裁剪以有效促进工业 APP 开发与运行为基本

准则，不过度依赖流程，也不过度简化流程。过度依赖流程会给一些工业 APP 生命周期带来更多的负担；而过度简化不利于保证工业 APP 的质量和知识资产的沉淀。针对工业 APP 的开发主体、工业 APP 的描述对象复杂度，以及工业 APP 的模型类型等方面，工业 APP 生命周期流程遵循以下裁剪原则。

（1）针对工业 APP 开发主体为企业组织的情况

建议重视工业 APP 技术管理流程、知识特征化定义流程。尤其是技术管理流程中的工业 APP 体系规划、质量保障流程，以及工业 APP 保护与促进等流程。从顶层重视体系规划、保证知识的沉淀以及工业 APP 的质量，并且在企业内部以及更广泛的范围内形成工业 APP 知识产权保护，在企业内部形成完善的鼓励 APP 开发、沉淀企业与个人知识的激励机制。

（2）针对众包、分享以及个人开发主体的情况

对于众包背景下、以分享为目的的工业 APP 开发，以及开发主体为工业人个体的情况，建议加强验证审核流程，众包发起人或众包人要重视协议流程中对众包需求的明确描述、对工业 APP 用途与价值的明确描述。

（3）针对描述复杂产品对象的工业 APP 开发

对于描述复杂产品对象的工业 APP 开发，需要重视工业 APP 体系规划流程、知识特征化定义流程、工业 APP 实现流程等。尤其从开发实现的角度，需要有明确的知识特征化定义和实现过程记录。

（4）针对数据驱动的工业 APP 开发

对于数据驱动的工业 APP 开发，要重视知识特征化定义环节中对机理、逻辑以及数据建模等流程，在 APP 实现流程中为工业 APP 优化迭代流程提供数据驱动入口，并在验证审核过程中重视对问题解决的最终效果评价。

上述是根据工业 APP 的开发主体、工业 APP 的描述对象复杂度，以及工业 APP 的模型类型等方面提出的原则性裁剪建议，在工程实践中可能还需要结合实际情况考虑更多的因素。

技术管理流程

技术管理流程主要从工业APP开发与运行管理的角度描述工业APP顶层体系规划、知识计量、评估评价和质量保障等流程。

顶层体系规划流程

1. 目的

工业APP体系规划是站在全局的视角，自顶向下地规划工业技术与工业APP体系，以确保工业技术与工业APP的完整性与可行性。

2. 概述

工业APP体系规划对于需要社会化协同的对象来说尤其重要，通过体系规划形成工业APP的全景地图，不同的机构、企业和人根据各自的领域、专业技能与工业技术知识，在工业APP全景地图中找准自己的位置，协同开展工业APP生态的构建与完善，可以有效避免在工业APP的整个生命周期过程中迷失方向，或者重复开发同一个工业APP而造成浪费，从而系统性地构建完整的工业APP生态。

工业APP体系具有明确的层次性，其规划过程自顶向下、逐层细化。

同样，由于不同的机构、企业和人所处位置不同，因此对于工业 APP 体系规划存在视角及层次上的差异。

通常按照宏观、中观与微观三个层面来规划。

工业 APP 体系规划流程依据组织的战略规划与相关的行动计划、标准、组织程序文件、行业或专业技术资源来运行。

组织战略规划中的组织包括政府组织、行业性组织或联盟，也可以是企业或企业内部部门。实例化到工业 APP 体系规划上，工业 APP 体系规划的顶层输入是国务院 2017 年 11 月 27 日发布的《关于深化"互联网＋先进制造业"发展工业互联网的指导意见》，其中专栏 2 明确了百万工业 APP 培育的目标，以及工业和信息化部发布的《工业互联网 APP 培育工程实施方案（2018—2020 年）》。

由于工业 APP 体系规划的层次性，在不同层次，对应本层次组织的关于工业 APP 的相关战略与行动计划文件将作为工业 APP 体系规划的输入。

3. 体系规划流程活动

工业 APP 体系规划流程包括以下活动：

（1）明确定位

工业 APP 体系规划具有明确的分级特征，在不同的层级有不同的关注点。在工业 APP 体系规划流程中第一个活动就是明确层次定位，确定关注点。这是工业 APP 体系规划的出发点，决定了体系规划的范围。

（2）执行体系规划

应根据不同层次的工业 APP 体系规划原则执行工业 APP 体系规划，通常按照宏观、中观与微观三个层面来执行工业 APP 规划。

宏观层面的工业 APP 体系属于工业 APP 体系的顶层，其关注点是整个工业领域（代表性的利益相关方有工信部、地方政府等）或者行业领域（代表性的利益相关方包括各大集团与行业等）的工业 APP 布局，基于行业特性进行主线规划，再辅之以适用范围的"基 – 通 – 专"属性以及生命周期属性进行规划。

中观层面的工业 APP 体系是针对不同行业企业的代表性产品，其关注点是该产品在企业内或上下游企业（价值链）中的研制，基于产品分解结构（PBS）与工作分解结构（WBS）开展中观层面的工业 APP 体系规划。

微观层面的工业 APP 体系主要围绕产品的技术实现，其关注点是产品按照专业进行分解后，如何利用多学科知识从技术上实现产品，基于专业与学科构成开展微观层面的工业 APP 体系规划。

（3）管理规划

管理工业 APP 体系规划分解过程与分解结果，建立不同层级的工业 APP 体系之间的衔接，明确每一个工业 APP 的位置，在工业 APP 实现后更新工业 APP 体系的状态。

知识计量流程

对工业知识进行计量和评价是工业知识集成和共享中的核心问题，是工业知识经济学发展的必然要求。工业知识管理、计量与评价就是要通过对确定有效的工业知识计量进行处理，以便对工业知识进行独立、自由、有效的识别、处理与组合，达到工业知识服务、工业知识发现和工业知识创新的目的。工业知识计量是指在工业知识管理、计量与评价中可以对工业知识进行独立、自由、有效的识别、处理与组合的基本知识单位和数据获取。

1. 目的

知识计量流程的目的是收集、分析和报告客观的知识点以及知识组合应用的数据和信息，以支持工业 APP 在知识特征化定义、APP 实现环节中的有效管理并证实该工业 APP 的质量与价值。

2. 概述

知识计量流程有助于支持工业 APP 开发者在知识特征化定义与 APP 实现环节中改进 APP 质量和绩效；知识计量结果也有助于工业 APP 评估评价流程的执行，有助于准确地获得该工业 APP 的成熟度与价值；同时，知识计量结果有助于在工业 APP 实现环节中对于关键知识点和知识组合应用的保护。

3. 知识计量流程活动

知识计量流程包括以下活动：

（1）准备知识计量

根据工业 APP 确定的目标，确定知识计量的需要，包括工业 APP 解决特定问题的最终效果，以及根据要达成的最终效果而开发的各种知识特征要素指标、数据采集与报告。

（2）执行知识计量

执行知识计量，收集、处理与分析知识计量数据。可以采用面向工业 APP 技术流程的方法来执行知识计量。面向技术流程的知识计量根据工业 APP 开发过程中所涉及的定义与描述该工业 APP 技术要素的流程、工具（不同于 IT 工具）、方法、专业机理与科学原理、规则、逻辑、概念创新、数据交互与转换、能力点、算法、经验公式、最佳实践等开展计量。

知识计量流程对于将组织或个人的知识进行显性化/结构化表达和沉淀具有非常大的价值，在一般的工业 APP 开发中，大多数由个人完成开发工作，知识特征化定义过程主要凭借个人经验完成，按照面向技术流程的结构化梳理与分解工作不是很完整，这容易造成知识点的遗漏从而导致工业 APP 质量问题。因此，知识计量流程在一般的工业 APP 开发或者知识特征化定义过程中并没有得到普及。

评估评价流程

1. 目的

工业 APP 评估评价流程的目的是评估工业 APP 解决特定问题、达成特定目标的程度，以便确定工业 APP 的技术状态和成熟度、工业 APP 的价值，以及工业 APP 改进优化的方向。

2. 概述

工业 APP 评估评价流程分为两大类，一类是在工业 APP 实现后的正式评估与评价，另一类是在 APP 应用过程中根据使用者对其使用效果的非正式评价。

在正式评估评价中，需要组建专门的评估评价团队，识别知识特征化定义与 APP 实现过程中的知识点、知识组合应用与封装的细节和预期的结果，通过收集知识点与 APP 实现过程中的知识组合与应用信息，以及 APP 执行结果与预期目标的偏差等，来确定工业 APP 的成熟度是否达到可发布状态，以及确定工业 APP 的价值。

在非正式评价中，主要在 APP 的应用过程中通过用户的使用效果反馈，基于数据统计与分析结果对工业 APP 在最终效果、人机交互、开放性与扩展能力、知识转化与应用效率等方面开展综合评价，并基于评价结果反馈不断地推进 APP 的迭代优化与改进，推动工业 APP 的成熟度提升。非正式评价基于更长的时间线、更广泛的用户并使用大数据分析结果对工业 APP 进行评估，其评价结果更为准确。

工业 APP 评估评价流程主要与 APP 验证审核、APP 价值确认以及 APP 应用流程等联合应用。

3. 评估评价流程活动

工业 APP 评估评价流程包括以下活动：

（1）准备评估与评价对象说明资料

在工业 APP 的说明资料中，需要明确该工业 APP 针对什么问题、达成什么效果、关键知识点和创新点、适用范围、扩展能力、质量保证程序，以及价值描述等。

（2）成立评估评价团队

在正式评估评价中，需要组织由该 APP 所涉及的一个或多个专业领域中的多名专业人士组成评估评价团队；在非正式评估评价中，工业 APP 使用者即为评估人，通过广泛的使用者参与形成更具代表性的评估团队。

（3）拟定评估评价工作方案，收集基础信息

根据不同工业 APP 的类型，尤其是工业 APP 中所封装承载的工业模型类型，拟定工业 APP 评价要素体系，建立多种类型的评价方法与模型（如加权评估需要针对评价要素分配合适的权重等），建立不同类型工业 APP 适用的评价方法与模型匹配矩阵，拟定科学的评价准则，建立工业 APP 成熟度等级。

在评估评价工作方案中，确定工业 APP 评价要素体系最为关键，评价要素要尽量全面，符合不同类型工业 APP 的特征与特性。首先，考查工业 APP 的目标是否明确、解决问题的能力是否成熟；其次，需要考查知识点的完整性、知识应用的逻辑性、工业技术知识点与应用的创新性、知识应用的效率（包括其中算法等知识点的优化）；第三，考查知识特征要素抽取的科学性、开放性、扩展能力；第四，考查工业 APP 的交互界面、展示效果、应用范围的扩展能力，以及 APP 的可用性等要素；第五，根据评估团队经验，给出评估对象 APP 的可重用范围与预期价值。重用范围可以从跨行业跨企业的重用以及同一个对象的多方案高频次迭代等两个方面来评估；预期价值可以从 APP 重用带来的周期缩对（主要是重研发设计的高端装备离散行业），或者成本缩比（主要是流程行业）等两方面来评估。

（4）执行评估评价

在正式评估评价中，评估团队根据工业 APP 类型以及对应的工业 APP 评估评价方案，收集数据并完成工业 APP 打分，综合评估以形成工业 APP 的成熟度等级以及工业 APP 价值评级。

非正式评估评价即在正式评价完成后应用过程中的评估，其依据每一个 APP 使用者对该工业 APP 的使用效果反馈，从不同评价要素给出评估得分（评估要素将侧重于界面、交互、扩展、可用性等方面），评估结果是对使用效果的综合评价。

（5）管理评估评价结果

在正式评估评价中，对每一个工业 APP 的评估结果进行复核，与工业

APP 拥有者沟通评估评价结果，协调解决其中的分歧，对协商一致的评估结果进行 APP 状态同步；实时同步非正式评估评价结果。

质量保障流程

1. 目的

质量保障流程的目的是帮助组织或个人在工业 APP 开发过程中确保关键质量要素与质量控制的执行，以保证工业 APP 的质量。

2. 概述

质量保障流程提升了工业 APP 用户对该 APP 的质量信心。质量保障流程在工业 APP 开发过程中通过程序来实施质量保证，以监控工业 APP 技术流程中的知识特征化定义、APP 实现等环节的活动并验证质量保证活动，以减少工业 APP 开发缺陷，提高工业 APP 的开发质量与价值。

质量保障流程依据《工业 APP 质量管理指南》，形成用于质量保证的《工业 APP 质量保证计划》《工业 APP 质量保证报告》《工业 APP 质量保证评价报告》以及《工业 APP 质量保证记录》等。

3. 质量保障流程活动

质量保障流程包括以下活动：

1）建立质量保证程序。

2）执行工业 APP 评价。

3）管理评价记录和报告。

4）处理工业 APP 的问题。

技术流程

工业APP的本质是各种工业技术知识（包括方法、流程、数据、信息、规律、经验、知识以及各种试错结果）的载体，因此，工业技术知识的定义极其关键，从这个意义上来说，"工业APP=精化的知识"[⊖]。这个知识精化的过程包括知识的显性化、技术模型化、业务组件化、交互（包括人机交互、数据交互等）图形化。

工业APP通常涉及在复盘过程中工业技术知识抽象、提炼、优化后的封装、沉淀与应用，针对过程驱动型工业APP更是如此。图3-3展示了工业APP技术流程组所包含的五个环节共15个流程，即知识特征化定义环节、APP实现环节、验证确认与交付环节、APP应用环节和优化迭代环节。

其中，知识特征化定义环节是基础，工业APP作为工业技术知识的载体，只有具备结构化、显性化、有效的工业技术知识，才具备形成工业APP的基础；APP实现环节是技术实现手段，即用信息化、轻代码化以及可视化手段实现工业技术知识沉淀与封装；验证确认与交付环节是对APP实现结果的验证与确认，以确保工业APP具有解决特定问题的能力和可用

[⊖] "工业APP=精化的知识"的提法来源于赵翰林《对工业APP的认识》内部交流中 "APP的制作=知识精化"。

性，为应用环节提供准备；APP 应用环节是 APP 的重用与价值复现；优化迭代环节是 APP 在应用中不断完善优化的过程。

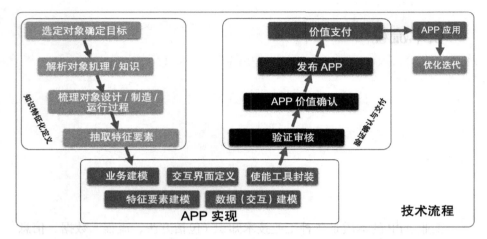

图 3-3　工业 APP 技术流程组

知识特征化定义

1. 目的

知识特征化定义的目的是面向不同行业，对在产品的整个生命周期中关于利益相关方的需求、概念构想，以及产品设计、制造和运维过程中的某些特定工业技术要素（包括流程、方法、数据、信息、经验与知识等）进行结构化定义、显性化表达，以实现知识的转化与沉淀。

2. 概述

需要特别强调一点，工业 APP 中所承载的工业技术知识要通过工业 APP 的流通与重用来实现知识的共享，对于其中的工业技术知识必须要经过实践验证。因此，工业技术知识特征化定义过程一定是在完成某个工业品对象后的复盘过程中的结构化和特征化定义。

这里所说的完成某个特定工业品对象可以是自己独立完成的，也可以是其他人完成的，还可以是与其他人共同完成后，对该对象在某个特定阶段或环节的工业技术知识、经验的借鉴与总结。

知识特征化定义过程是工业 APP 技术流程中最核心的活动，知识特征化定义的质量决定了该工业 APP 的核心价值。由于这些工业技术知识通常存留在工程师头脑中或组织中，所以我们才说工业 APP 的开发主体是各行各业的工业人而不是 IT 人，工业人定义工业 APP 的知识与核心价值，IT 人或 IT 技术手段在其中支撑了工业 APP 的技术实现。

知识特征化定义的输入包括工业 APP 开发计划、相关技术资源、质量要求等。

知识特征化定义的输出包括知识特征化定义策略，以及显性化和结构化表达的知识特征化定义结果、知识内容描述、知识特征模型等。

在知识特征化定义过程中，需要各种专业技术人员、技术文献以及各种模板工具来支撑知识特征化定义过程的梳理与表达。

知识特征化定义包括了对象与目标的确定、解析对象机理知识、过程梳理以及抽取特征要素等四项流程，下面通过对这些流程的概要性描述，并结合具体的实例进行阐述。

（1）对象与目标的确定

知识特征化定义的第一步就是要确定对象，界定要解决的问题范围，明确工业 APP 要达成的目标。

工业 APP 不同于"工业软件"与工具软件，后者要考虑解决问题的普适性。每一个工业 APP 只是针对特定的对象解决特定的问题，对象与目标明确，界限明晰。因此，在知识特征化定义的第一步必须首先明确工业 APP 所针对的对象是什么，以及工业 APP 要解决该对象的什么问题。

由于所处的生命周期阶段不一样，每一个工业品对象面向的利益相关方与视角不同，因此同一个对象会有不同的工业问题需要解决，针对这个特定的对象解决其中一个或几个特定的问题——这就是工业 APP 要实现的。

举例来说，如果是选定一个齿轮作为 APP 要描述的对象，对于齿轮这个对象，涉及齿轮的原理、传输效率、强度、3D建模、工艺过程设计、加工、热处理、投入运行后的疲劳失效等一系列问题。针对这些问题，选定其中关于投入运行后的疲劳失效问题，通过一系列工业技术知识与规律定义后，封装成可以预测齿轮疲劳失效的工业APP，初始的预测准确率达到70%，通过不断的大数据分析与优化，一年后的预测准确率达到90%。

在这个例子中。齿轮是选定的对象（当然，为了简化问题，这里没有特别强调与细分具体类型的齿轮）；投入运行后的疲劳失效预测是工业APP要解决的问题；初始的预测准确率达到70%，一年后的预测准确率达到90%就是工业APP要实现的目标。

（2）解析对象机理知识

解析对象机理知识是知识特征化定义的第二个步骤，在确定对象、问题范围与目标后，接下来需要解析这个对象在所选择的问题范围内的运行原理与机理，这是对象运行与工作的基础。

由于事物的复杂性，通常很多原理与机理只是在特定的假设条件下简化与抽象后的解析结果，在实际运行过程中充满大量不确定性与变数，因此，这就要求工业APP能够不断地迭代优化，根据运行过程中所获取的数据，不断完善该对象的机理知识。

还是针对前面的齿轮疲劳失效问题，对其失效机理进行分析。如图3-4所示，轮齿在实际受力时从理论上来讲相当于悬臂梁，悬臂梁的工作与受力原理就是轮齿疲劳的基本原理之一。由于相互啮合的轮齿在啮合的部位既存在滚动同时又存在滑动，所以齿轮在运行过程中会受压应力和弯曲应力作用，同时还与摩擦侵蚀和剥落密切相关。

关于齿轮疲劳失效的机理分析有很多文献进行了详细描述，为了在这里说明解析对象机理这个过程，摘录一部分文献列举如下（以下内容为文献原文⊖）。

⊖ 于海旭. 齿轮疲劳失效分析与工艺参数优化 [J]. 失效分析与预防, 2018,13(3):189-195.

轮齿弯曲疲劳断裂是齿轮传动中最危险的失效形式之一，它可以直接导致动力传输系统的失灵。在交替载荷作用下，轮齿的弯曲疲劳失效经常从某一个轮齿开始，然后向邻近的轮齿蔓延。随着轮齿的依次折断，冲击不断增大，失效的蔓延速率加快，最终可发展到整个齿轮。为了有效预防这种失效的发生，有必要对首断齿的失效机理和断裂规律进行详细分析。当轮齿啮合时，其最大拉应力发生在受载齿侧的齿根表面，最大压应力发生在另一侧（被动齿侧）的齿根表面，随着轮齿载荷的循环变化，那里将成为疲劳裂纹萌生的优先部位。

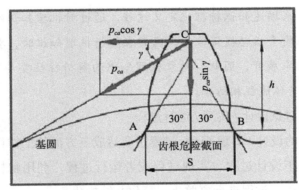

图 3-4　轮齿的悬臂梁受力原理[一]

在齿轮的实际应用中，齿面接触疲劳也是齿轮最常见的失效形式之一，图 3-5 解释了齿轮接触表面下的应力分布情况。

在啮合力的循环作用下，轮齿工作齿侧的表层可能会萌生裂纹，随后将发展成为不同程度的点蚀与剥落。在接触应力的循环作用下，表层材料会出现不同的弹性和塑性行为，根据材料的微观结构和晶粒取向可以知道，在材料的内部形成了应力集中，并最终导致裂纹的萌生。在实践中发现，裂纹萌生通常发生在表层中的夹杂物附近，那些含有硬、脆、带尖角的夹杂物的地方最有可能萌生裂纹。

[一] 于海旭. 齿轮疲劳失效分析与工艺参数优化 [J]. 失效分析与预防, 2018,13(3):189-195.

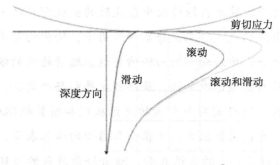

图 3-5　接触表面下的应力分布⊖

齿轮的疲劳失效非常复杂,在这里重点不是要分析其失效机理,主要是通过该示例来描述知识特征化定义过程。通过对机理知识的解析,为后续的抽取特征要素活动提供输入。通常在解析机理知识时,要结合对象的实际应用场景来展开,因此,对象机理知识的解析往往要与对象设计/实现/运行中的具体过程相结合。

(3)梳理对象设计/实现/运行过程

梳理对象的设计/实现/运行过程主要达成三方面的工作目标。

第一,基于设计过程、实现过程或者运行过程,利用解析法,对所要描述的对象的连续过程进行离散化、简化并结构化。

第二,通过对过程的梳理形成知识结构化组织的主线,基于这条主线将过程进一步细化为具体的活动描述,梳理执行该项活动所需要的技术、方法、工具、知识、经验、教训、规律、故障、数据、模型等工业技术知识要素,保证工业技术知识要素梳理的完整性。

第三,通过对过程的逐步细化,在过程中解析相关问题发生原理、触发条件、机理、可能的问题表现形式。

梳理对象设计/实现/运行过程是对解析对象机理知识流程的补充与完善,正如上文在解析轮齿弯曲疲劳断裂以及接触疲劳失效的机理过程中,本身就是结合齿轮的运行过程来描述的;同时通过过程的描述发掘出更多

⊖ 于海旭. 齿轮疲劳失效分析与工艺参数优化[J]. 失效分析与预防, 2018,13(3):189-195.

的知识;此外,通过对原理、机理的外在表现形式的分析,以及影响因素的发掘,可以为下一步流程活动——抽取特征要素——提供基础。

(4)抽取特征要素(知识特征化)

抽取特征要素是知识特征化定义过程中关键的一项流程,该流程的目的是要对梳理的机理知识、梳理的对象设计/制造/运行过程中的各种工业技术知识进行特征化表达。在这一流程中,需要对解决该对象特定问题的因素进行列举,分析相互之间的逻辑关系,分析不同因素的敏感性,构建知识特征模型。这里所说的知识特征模型是指描述特征要素与目标结果之间关系的数学模型,通常可以用 $Y=F(a,b,c,\cdots)$ 表示,其中 Y 是目标结果,a、b、c 等表示特征要素。

图 3-6 展示了通过鱼骨图分析齿轮疲劳寿命与疲劳极限的影响因素,以及改进措施。

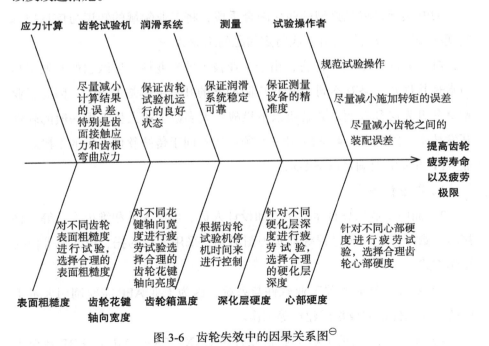

图 3-6 齿轮失效中的因果关系图⊖

⊖ 于海旭. 齿轮疲劳时效分析与工艺参数优化 [J]. 失效分析与预防, 2018,13(3):189-195.

知识的特征化需要依靠专业知识以及对业务的抽象能力来支撑，也就是通常所说的需要能将业务知识进行特征化表达的人。抽取特征要素流程完成后，知识特征化定义活动就已经完成。接下来将执行工业 APP 实现过程，通过一系列技术使能手段来实现工业 APP。

APP 实现

1. 目的

APP 实现过程的目的是将知识特征化定义过程中得到的结构化、显性化和特征化描述的知识进行建模后，通过信息技术手段形成可执行并解决特定问题的工业 APP。

2. 概述

APP 实现过程是典型的两化融合手段，将工业领域的知识与信息技术实现融合以形成可执行并解决特定问题的工业 APP。

对于工业 APP 实现而言，由于工业技术的专业性，导致它的开发工具与常规软件开发略有不同。由于工业 APP 的开发主体是工业人，因此工业 APP 的开发必须要面对并解决以下挑战：大多数工业人员不懂一般的软件开发技术。因此，工业 APP 开发必须使用不同于传统软件开发的手段。工业 APP 开发需要满足以下要求：

1）图形化操作。

2）面向工业领域技术人员，如设计人员、生产人员和维护人员等，将接口、数据库、编码过程等都实现图形化，采用简单的托、拉、拽等便捷操作方式。

3）要方便集成相关工业软件与系统，因为工业 APP 需要调用大量不同的工业软件以完成领域建模等工作。

4）无须开发人员了解工业领域各种 CAX、ERP、MES、ERP 乃至工业设备系统的输入和输出接口及开发方法，而是通过适配器的方式，将各种系统的适配器以清单的方式供用户使用。

5）面对特定领域的业务，通过便捷的操作和快速的指令，轻松完成面向业务内容的开发，其对软件开发知识要求较小。

针对工业 APP 开发的特殊性，需要专业的工业 APP 开发平台来支撑工业 APP 的实现。工业 APP 的实现主要包括以下流程。

（1）定义业务逻辑（业务建模）

定义业务逻辑的目的是要根据知识特征化定义环节中梳理完成的 APP 封装对象的研发、设计、制造或运维过程中的各种业务逻辑描述，定义其完整的业务逻辑。在一个工业 APP 解决某一个特定问题时，往往需要分解成多个步骤，每个步骤之间的业务逻辑，包括过程中的迭代、分支、数据交互形式等，需要在本活动中使用统一的业务建模环境来定义完成。

（2）定义特征要素逻辑（特征要素建模）

定义特征要素逻辑就是完成特征化知识建模。其主要目的是根据知识特征化定义环节中抽取的完成特定对象的特定目标的各种特征要素，定义特征要素之间的逻辑关系，构建特征要素逻辑模型以及算法模型。

知识的特征化和特征知识建模是工业 APP 开发的两个关键过程，是从知识变成 APP 的关键环节。前者需要对领域知识深入了解，并能很好地表达出来；而后者需要根据对业务的深入分析，以及 APP 所要解决的问题和达成的目标进行知识建模。

（3）定义数据交互（数据（交互）建模）

定义数据交互的目的是根据特征要素逻辑模型相关的算法，明确各特征要素之间数据的交互以及数据交付形式。定义数据交互也可以用于多个工业 APP 之间进行数据的传输。

（4）封装使能工具

封装使能工具并非要将工具封装到 APP 中，而是封装工具软件适配器。封装使能工具的目的就在于通过封装，使得工业 APP 可以调用并驱动"工业软件"来完成领域建模。

虽然工业 APP 具备通用的数据建模能力，但是对于大多数工业 APP 来说，尤其是研发领域的工业 APP，由于其所涉及的专业领域太广泛，不可能让每一个工业 APP 都具备专业领域的建模能力，需要借助专业领域工业软件中的领域建模引擎完成建模。

这一步工作非常关键，书中所列举的工业 APP 示例都是呈现在用户眼前的工业 APP 交互界面，而工业软件、工具软件隐藏在工业 APP 背后，由工业 APP 驱动其完成建模工作。

工业 APP 封装工具软件的过程是通过工业 APP 开发平台提供的工业软件适配器来完成封装的，不需要工程技术人员在开发 APP 过程中开发各种适配器，如图 3-7 所示大量商业软件和自研程序与算法的接口，这大大减轻了工业 APP 的开发难度和工作量。

图 3-7 Sysware 工业软件适配器（来源：索为系统提供）

从目前市面上的工业 APP 开发平台来看，Sysware 开发平台提供的工业软件适配是最全面的，该平台已经集成了市面上 106 种商业软件其 297 个版本软件的适配器。Sysware 平台提供了常用的商业软件组件、通用功能组制组件，逻辑控制组件，以及企业自研程序的适配器，可以有效支撑工业 APP 的开发。

（5）定义交互界面

大多数工业 APP 在运行过程中都包含了人与 APP 之间的交互，为了实现人机交互的方便与效率，通常都会将需要交互的关键特征要素提取出来，定义到图形化界面中以实现快捷的人机交互。

开发环境必须提供图形化人机交互定义，有时候为了能够更直观地展示，在交互界面上还应该具有能反映工业 APP 所描述对象的相关特征要素的图片。

图 3-8 给出了一个齿轮 APP 的人机交互界面示例，在该示例中，齿轮的相关特征要素被抽取到交互界面上，并用图片及相应的示意对各个特征要素进行了说明。

图 3-8　人机交互界面定义（来源：索为系统提供）

此外，工业APP还需要考虑人机交互界面定义的开放性、可用性等。随着技术的发展，工业APP的交互界面还可以作为与知识系统、大数据和人工智能应用结合的接口。目前Sysware平台甚至可以在人机交互过程中与知识工程系统结合，借助大数据分析结果，帮助使用者推送并优化人机交互界面中的相关参数，提升APP的使用效果。

3. 工业APP实现的关键技术

工业APP开发过程是工业技术转换为工业APP的过程，主要包括以下5项关键技术。

（1）知识特征化建模技术

知识特征化建模是对知识特征化定义的结果，应用信息技术和软件手段进行模型化的表达，是对工业技术知识的高度凝练、抽象和数学表达，是工业APP实现的关键技术。

复杂的工业技术包含大量的经典数学公式、经验公式、业务过程和逻辑、控制机制、数据对象模型和数据交换模型、领域机理知识、专业知识和工艺过程知识，还包括针对不同工业软件或工业设备的各种适配器，以及人机交互界面等。知识特征化建模将针对上述不同知识对象所抽象提炼的特征要素，使用统一标准的建模引擎来完成针对不同工业技术要素的建模，以及模型间关系定义，以形成一个整合多种技术要素的知识特征模型。这个知识特征模型是工业APP的核心。

（2）知识保护技术

知识的保护非常复杂，不仅仅需要从外部对知识加以保护，更重要的是在工业APP开发过程中，从内部对知识进行保护。工业APP实现过程中的典型知识保护技术包括：知识封装、数据与模型的分级保护，计次或分时段使用等。

（3）数据建模与数据交互技术

各种工业技术的输入和输出都包含大量的技术数据，所以工业APP开发平台需要对技术数据进行统一管理，并保证能被工业APP调用。

技术数据管理需要按照工业技术的特点，首先对数据进行建模，并组织各种数据模型之间的相互关系。之后，很多工业技术需要依赖各种材料数据库、型号数据库、零部件数据库等，所以需要建立相应的基础数据库。最后，在工业APP运行过程中，流程模板和方法模块都会产生大量新的数据，这些数据需要按需进行管理。

（4）工业软件适配器

工业技术的应用通常需要结合特定的使用环境，尤其是在当前阶段，对工业产品对象的建模还需要借助各种不同的工业软件或者其他软件系统，以及相关具有数据交互的技术对象。因此，在工业技术、知识、过程、方法的封装中，需要同时封装这些工业软件，广泛的工业软件适配器就成为工业APP实现过程中的一项关键技术要素。

工业软件封装集成一般采用适配器的方式完成。适配器具有两个方向的接口，一个接口面向技术对象，可以基于个性化的数据交换规范实现集成；另一个接口面向平台，可以采用规范性的数据模型进行表达和通信，从而针对同类技术对象采用相同或类似的数据交换规范，进而使平台上运行的各种工业APP无须了解不同技术对象的个性化集成规范要求。

常见的技术对象的集成需要集成各种CAX等制造业核心软件，以及部分基础共性APP和行业通用APP，所以平台需要针对不同厂商的工业软件研制对应的适配器。

（5）语义集成技术

随着未来工业APP生态体系的建设与逐渐完善，越来越多的工业APP会面向不同场景的应用。当百万工业APP真的实现后，我们将面临一个新的问题：到底哪一个工业APP适合解决我的问题呢？这就与目前遇到的知识管理问题一样，没有知识，我们发愁；当知识极大丰富时，我们还是发愁。因为我们又陷入知识的洪流中，找不到我们需要的知识。针对APP同样如此，当前大家都觉得工业APP太少，等到某一天工业APP数量非常庞大后，我们也会陷入工业APP的洪流中，为找不到合适的工业APP而发愁。

因此，这就要求工业 APP 开发环境必须具备语义集成技术。在未来形成工业 APP 生态后，通过工业 APP 与语义集成，借助工业互联网语义背板让未来的工业互联网平台具有智能，平台可以根据语义分析需求，判断平台中哪些工业 APP 资源最符合需求，从而根据需求实现自适应工业 APP 资源匹配，进而实现平台的智能运行。

验证确认与交付

1. 目的

工业 APP 验证确认与交付过程的目的是验证并确定工业 APP 实现的质量，确认工业 APP 所能带来的效果，并就工业 APP 的价值同工业 APP 的拥有者达成一致，为工业 APP 通过交易流程实现工业 APP 的价值转移以及后续的工业 APP 应用提供基础。

2. 概述

工业 APP 实现后，将对工业 APP 实现结果进行验证评估，确定工业 APP 是否达成了最初的工业 APP 开发目标，是否解决了特定的问题，并评估工业 APP 的质量。工业 APP 的评估将按质量评估流程，从工业技术知识的定义角度评估知识的完整性等，从软件工程视角评估工业 APP 实现的质量，以及从工业 APP 本身的效果评估工业 APP 在效率提升、价值体现等方面的效果。

工业 APP 验证确认与交付过程的输入是已经实现的工业 APP，其输出是经过评价并获得价值确认，已经达到可以交付和可使用成熟度的工业 APP。

3. 验证确认与交付流程活动

工业 APP 验证确认与交付包括工业 APP 验证审核、APP 价值确认、发布 APP 与价值交付。

（1）工业 APP 验证审核

工业 APP 验证审核主要通过对已经实现的工业 APP 的质量评审完成

工业 APP 的验证审核工作。工业 APP 验证审核需要由专业的团队，按照工业 APP 评估与评价流程，从工业 APP 的工业技术知识特征化定义质量、工业 APP 实现（参考软件工程相关标准）、工业 APP 的效果等三方面进行评估后，由专家团队认可并确认相应的成熟度并进入工业 APP 发布环节。

工业 APP 验证审核的输入是已经实现的工业 APP、评估评价流程、工业 APP 质量标准等，输出是评审后的工业 APP 及相应的评审结果。

（2）APP 价值确认

APP 价值确认主要是由专家团队根据工业 APP 所承载的工业技术水平、复杂程度、工业 APP 的使用效率与使用效果等因素，与工业 APP 所有者就工业 APP 的价值达成一致，表现为该工业 APP 在工业互联网交易环境中的价格属性和成熟度等级。

APP 价值确认的输入是已经审核完成的工业 APP、工业 APP 所有者确定的初始价格，输出是工业 APP 价格属性。

（3）发布 APP

工业 APP 发布是对已经完成审核及价值确认的工业 APP 进行工业互联网上的正式发布。正式发布的工业 APP 可以被所有注册用户看到并参与到交易中。

（4）价值交付

价值交付就是通过工业互联网进行工业 APP 交易的过程，交易的结果就是工业 APP 价值的转移。

APP 应用

1. 目的

工业 APP 应用过程的目的是要将工业 APP 所承载的工业技术知识在更广泛的范围内发挥其价值。工业 APP 应用是工业 APP 体现价值的主要目的和手段。

2. 概述

工业 APP 的应用可以根据其应用范围与应用方式的不同分为四个不同的阶段。

在早期阶段，工业 APP 主要是开发者自我应用或者开发者所在团队的内部应用，这种应用主要针对早期成熟度不够的 APP 或者具有核心 know-how 的工业 APP 的应用。这个阶段的工业 APP 大多是单点工业技术的封装后重用。

当个人或者团队内部工业技术知识积累与沉淀越来越多，工业 APP 数量增加，多个 APP 之间可进行业务逻辑上的组合和数据的交互，形成工业 APP 的组合应用。

随着团队内部工业技术的升级和工业 APP 成熟度的提升，将驱动应用范围的扩展。随着技术的成熟与新技术的升级，有很多团队愿意将这些工业技术知识进行转化与分享，这种分享的意愿将驱动工业 APP 突破团队的应用范围，借助工业互联网进入更广泛的领域与企业，这就是 APP 的工业互联网应用阶段。APP 的工业互联网应用将成倍地放大工业 APP 所承载的工业技术知识的价值，伴随着这种工业技术的转化与价值变现，将进一步促进开发与分享的动力。

当工业 APP 的生态逐渐形成、工业 APP 种类与数量都变得更加丰富后，工业 APP 应用所产生的数据以及结果也将越来越多，利用新的信息技术，如机器学习与人工智能技术，工业 APP 将进入智能应用阶段，包括工业 APP 的智能匹配、工业 APP 自我进化等。

3. 工业 APP 组合应用实例

工业 APP 的实现过程也比较复杂，下面我们通过一个发动机上的诱导轮设计工业 APP 应用实例来阐述工业 APP 的组合协同应用过程。

在诱导轮设计工业 APP 应用案例中，将通过诱导轮理论计算、几何建模、流体仿真分析、结构强度仿真分析和生成设计报告等几个过程，介绍工业 APP 的协同应用。实质上这是由多个工业 APP 组合形成的一个工业

APP 组合，以完成理论计算、建模、流体分析、结构分析以及设计分析报告等整个过程。每一个过程都对应一个或多个工业 APP，其按照如图 3-9 所示的诱导轮设计流程来完成诱导轮的整个协同设计过程，包括每一个步骤之间的逻辑控制与数据传输。

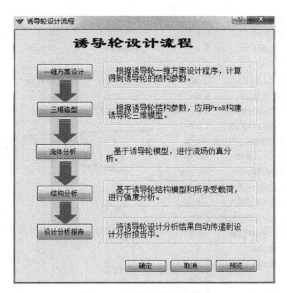

图 3-9　诱导轮设计流程

诱导轮是减小泵汽蚀现象的一种装置，属于轴流叶轮，它一般直接装在离心泵第一级叶轮的上游，并随其一起同步转动，如图 3-10 所示。

图 3-10　诱导轮

诱导轮设计的第一步是进行理论计算，使用如图 3-11 所示的一维设计 APP。在一维设计 APP 中，封装了与诱导轮设计有关的基本原理与算法，输入相应的原理参数，可得到诱导轮的基本参数。

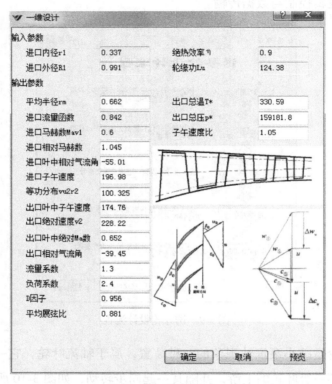

图 3-11　一维设计 APP

传统上该过程也可以采用 Excel 或者计算器来进行计算，但是这种方式从直观性和效率上，都比工业 APP 方式要低效得多。

诱导轮设计的第二步是进行几何建模，使用如图 3-12 所示的诱导轮三维造型 APP。在第一步的结果基础上确定诱导轮的特征几何参数，并将特征几何参数结合诱导轮的平面图直观地表达在人机交互界面上。在这个过程中，还需要封装相应的几何建模工具软件（在本案例中封装了 Proe 三维设计软件）。发布封装结果，诱导轮三维造型 APP 就完成了。

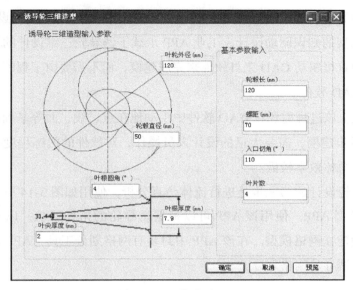

图 3-12 三维造型 APP

通过在运行环境中运行该诱导轮三维造型 APP，在交互界面上输入相应的特征参数值，APP 就可以驱动封装的 Proe 三维建模软件，快速完成如图 3-13 所示的诱导轮三维 CAD 设计结果。

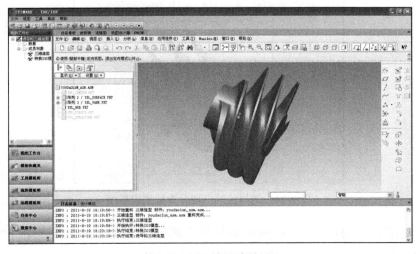

图 3-13 三维设计结果

工业 APP 驱动三维设计软件来完成建模，这不同于传统的设计过程，是一种典型的知识驱动设计。工业 APP 承载了诱导轮三维设计的知识，由这些知识直接驱动 CAD 工具软件来完成建模，而不需要由工程师一步一步地操作 CAD 软件。

传统上该过程需要在 CAD 软件中手动地在点、线、面等基础几何形状基础上逐步建模，需要大量的设计人员操作，对软件的熟练程度要求非常高，而且总体效率较低。

诱导轮设计的第三步是进行流体仿真分析，使用如图 3-14 所示的诱导轮网格模型 APP。使用该 APP 可以根据诱导轮的拓扑形状，以及网格参数，自动建立网格模型。在该 APP 中封装有网格划分工具，APP 驱动工具自动完成诱导轮网格划分。

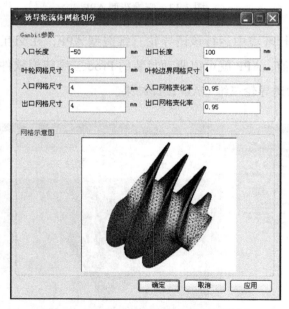

图 3-14　诱导轮网格划分参数设置界面

之后，使用如图 3-15a 所示诱导轮求解计算 APP，在交互界面完成求解参数设置后开展仿真计算，并对计算结果使用如图 3-15b 所示的后处理

APP，完成诱导轮流体计算后处理结果。

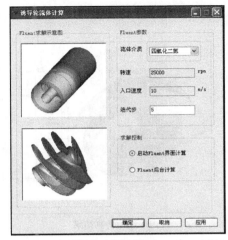
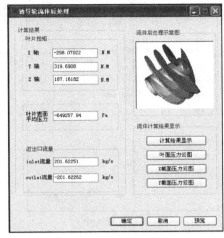

a）诱导轮流体计算 APP　　　　　b）诱导轮流体计算后处理 APP

图 3-15　诱导轮流体计算和计算后处理

传统的过程需要人工基于三维模型绘制网格。仿真网格绘制非常专业，对于不同产品的不同几何特征及要求，网格要求也不同。所以网格绘制操作常常需要丰富的仿真工作经验，才能保证仿真结果的可靠性。

在该过程中，工业 APP 从几何建模结果处自动获取了几何模型，之后自动调用了参数化的网格模型，再自动进行仿真分析并给出后处理结果。该过程调用了两款软件进行集成分析，整个过程几乎无须人工参与。实际上，此过程是将专业仿真人员的工作经验进行了封装。在后期一旦需要针对该产品进行仿真，只需按照已封装的经验再次运行一遍即可。

诱导轮设计的第四步是进行结构仿真分析，使用如图 3-16a 所示的结构计算 APP 开展结构仿真分析。

同样，该工业 APP 可以进行结构网格划分，并调用结构仿真软件进行分析，形成如图 3-16b 所示仿真结果。

使用工业 APP 完成网格划分与计算分析，让网格划分效率成倍提升，同时，由于封装了专家划分网格和计算求解的经验，可以提升网格质量和求解效率。

a）结构计算 APP

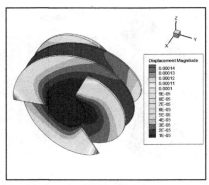
b）结构仿真结果

图 3-16　结构仿真分析

诱导轮设计的第五步是编写诱导轮设计分析报告，使用如图 3-17 所示的设计分析报告 APP。

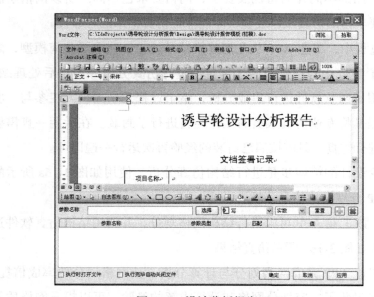

图 3-17　设计分析报告 APP

APP 可以自动从前几步中获取到各步骤的运行过程和结果数据,按照分析报告中内容和格式要求,将各项结果同步到预先制定的 Word 分析报告模板中,从而快速形成设计分析报告。

设计分析报告 APP 可以帮助工程师自动完成各种分析报告文档,大量减少工程师的这种事务性工作。

在这个案例中,诱导轮的设计分析整个过程中使用了多个单体工业 APP,每一个单体 APP 只完成一个独立的功能,将多个单体 APP 组合起来使用可完成一个相对复杂的应用。在工业 APP 组合应用过程中使用了如图 3-18 所示的流程组件来表达多个相互组合的工业 APP 之间的业务逻辑与控制流程,并且使用如图 3-19 所示的不同工业 APP 之间的参数映射来完成多个 APP 之间的数据传递。

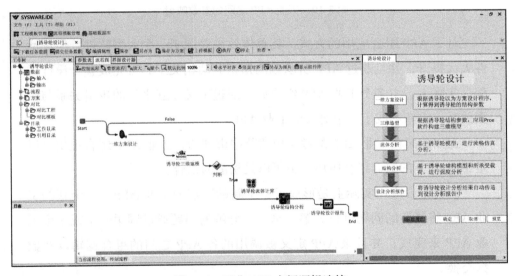

图 3-18　工业 APP 之间逻辑连接

通过这种流程驱动与控制,以及 APP 之间的数据传递,由流程组件驱动多个 APP 之间的执行逻辑与自动数据传递,从流程和数据两方面将多个 APP 进行复杂组合。

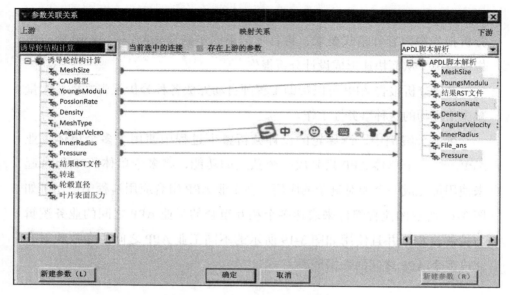

图 3-19　工业 APP 之间的参数映射

对于 APP 组合应用的方式，其总体效果等同于一个大型软件，但灵活性大大提升，并且通过 APP 所承载的知识驱动相关工具可完成整个设计过程。实际上，由多个工业 APP 组合后，通过定义相互之间的逻辑关系与数据关系，重新形成了一个更大的工业 APP。

正如前面在工业 APP 参考架构章节中讲到的，工业 APP 组合重用可以是工业 APP 的嵌套组合应用，也可以是松散的组合。

嵌套组合应用实际上是形成了一个新的固定的工业 APP。这个新的工业 APP 将复杂的问题进行分解，每一个分解的问题通过调用一个或多个工业 APP 来完成；并且该 APP 定义被调用的各 APP 之间的组合逻辑以及数据交换。

松散组合应用没有形成新的工业 APP，直接在工业 APP 应用环境中临时定义多个 APP 之间的组合逻辑和数据关系，解决临时性复杂问题。

随着工业 APP 体系的不断完善，以及体系中工业 APP 数据的不断增加，工业 APP 的组合应用可以完成很多很复杂的工程应用，读者可以登录

http://www.indapps.com.cn 众工业平台，了解工业 APP 组合应用案例。众工业平台提供了很多工业 APP 组合解决复杂工程问题的应用案例，有航空领域通过工业 APP 驱动 CAD 软件完成 MIG29 战斗机的总体设计应用案例（案例使用了 MIG29 的公开数据），也有大量民用领域的 APP 组合应用案例。读者也可以下载工业 APP 封装环境 IDE 和相关教程，自己尝试工业 APP 封装。

优化迭代

工业 APP 的优化迭代是工业 APP 生命周期流程的迭代应用。通常，优化迭代过程是工业 APP 在投入应用后，根据应用过程中所反馈的问题对工业 APP 的持续改进与优化过程。

优化的主要内容包括：

1）根据体系或标准的调整对工业 APP 的整体架构进行调整。

2）从整体上对工业 APP 进行组合优化。

3）对工业 APP 所承载知识的进一步精炼，对 APP 所承载知识的特征要素进行完善，对其中算法进行迭代演进。

4）对工业 APP 人机交互界面、更多使能工具封装、开放性与通用性、可用性以及价值等方面进行迭代优化。

工业 APP 的优化手段包括人工优化和基于大数据与机器学习的优化。人工优化可以是由工业 APP 的所有者或者其他开发者对工业 APP 在应用中的问题进行修正，以及对工业 APP 的知识、性能与效能进行改善；基于大数据与机器学习的优化是未来的一种高级应用，利用人工智能，基于工业 APP 应用大数据分析与人在环的强化学习，完善与补充工业 APP 所承载的知识。

协议流程

如果将工业 APP 作为一个特殊的对象和项目来对待的话，那么工业 APP 这个特殊项目的启动有可能从解决用户的一个特定需求开始，也有可能从某个工业人个体或组织根据自身所拥有的工业技术知识的技术转化的需求开始。一旦这种需求出现并开始组织实施，那么协议流程就开始启动。

由于工业 APP 的特殊性，协议流程的执行将根据实际情况来确定其正式程度，在大多数情况下，工业互联网上的协议流程将更多地以一种共同遵守的约定来约束各方。工业 APP 的协议流程包括众包流程、APP 分享和交易流程。众包流程主要完成供需双方的接洽，分享流程主要完成社会化知识工作者和智力资源的共享，交易流程完成供需双方的交易。

众包流程

众包流程的目的是为了集合社会化的智力资源来解决特定工业问题。众包流程的发起来自于不同用户发布的一个特定需求。

众包流程针对明确用户的确定性问题，由特定用户在工业互联网平台正式发布需求（需求发布者称之为"众包发起人"），明确各方面要求、满足需求的交易规则等要素并广而告之，广大的社会化知识工作者（称之为"众包人"）可以与众包发起人完成在线需求确认，并根据自己的知识储备和能力，启动工业 APP 开发工作。众包发起人根据众包人交付的不同工业 APP 的质量、性价比以及其他因素，选择工业 APP 交易的对象，发起工业 APP 交易流程。对于未能被选中的众包人及其工业 APP，可以发起 APP 分享流程，并将符合规范与质量要求的工业 APP，经过评估和评审后，通过 APP 分享流程发布到工业互联网平台进行分享。

众包流程的活动主要包括以下几方面：

1）编制并维护众包计划、众包政策、众包规程以及相关费用计划。这些文档应该同众包发起人所在企业的战略、宗旨、目标相符，并同时符合工业互联网平台管理要求。为了能够鼓励广大众包人积极参与，通常这种众包计划会附带发布相应激励计划，激励计划主要是针对积极参与众包需求对接，但最终未被选中的次好解决方案 APP 的激励措施。激励措施可以是奖励、资金支持、技术辅导与改进、技术转化等。

2）提出明确的众包需求。众包发起人必须针对特定的问题进行清晰描述，提出解决问题的约束和技术要求，形成规范的众包需求文档。同时在众包需求文档中描述成果形式、知识产权归属、是否允许分享、解决方案定价等要素，并提供众包人进行需求沟通与协商的通道。

3）发布众包需求。众包发起人按照工业互联网平台提供的需求发布流程发布众包需求，并在平台上广而告之，以吸引广泛的众包人参与到众包需求的对接中。

4）确定解决方案。众包发起人根据参与需求对接的众包人所提供的 APP 解决方案，根据 APP 的质量、满足需求的品质、APP 解决问题的最终效果，以及性价比等因素，选择合适的供应商，发起工业 APP 交易流程。

5）启动评估分享流程。对于未被选中的工业 APP，根据众包人的意愿，发起 APP 分享流程，提交工业 APP 审核团队，经过审核后达到一定成熟度的工业 APP 将进入 APP 分享流程。

众包流程可以让众包发起人通过工业互联网平台使用用更少的资源获取到更多优秀的解决方案。

APP 分享流程

APP 分享流程的目的是为了让社会化的知识工作者和智力资源可以全面分享并提高知识与知识资源的使用效率和使用价值，该流程给工业 APP 生态建设提供了有效途径。

APP 分享流程的发起可以从某个工业人个体或组织对自身所拥有的工业技术知识提出技术转化需求开始，也可以由需求众包流程中众包发起人发起众包需求、社会化智力资源响应后的结果驱动。第一种情况本质上是针对不确定用户的公共问题的 APP 解决方案的分享，后一种情况是针对特定问题的 APP 解决方案结果的分享。这两种方式都是构建工业 APP 生态的有效途径，尤其是前一种方式，出于对自有知识分享的动机，更加值得鼓励。

APP 分享流程的活动主要包括以下几方面：

1）编制工业 APP 解决方案说明书。由工业 APP 所有者编制工业 APP 解决方案说明书，明确工业 APP 所能解决的问题、适用范围、具备的功能、价值体现与特点，并提出可行的工业 APP 交易定价。完成 APP 解决方案说明书后提交工业 APP 验证评价。

2）提出工业 APP 验证审核请求。在完成工业 APP 实现并编制完成工业 APP 解决方案说明书后，向工业互联网平台工业 APP 验证审核团队提交工业 APP 验证审核请求。验证审核内容包括 APP 解决问题的有效性、效率、成熟度以及定价请求的合理性与可行性。

3）发布并分享工业 APP。经过验证评审的工业 APP 可以在工业互联网平台上发布。发布分享的内容包括工业 APP 解决方案说明书、工业

APP、工业 APP 验证审核评价结果、工业 APP 版本与修订过程、工业 APP 定价、工业 APP 使用次数和使用评价等信息。发布的工业 APP 纳入工业 APP 资源池。

APP 分享流程，尤其是以自有知识分享为目标的工业 APP 分享，可以促进工业 APP 生态的形成。APP 分享流程必须与工业 APP 保护与促进流程相结合，可更好地鼓励和促进工业 APP 生态的建设。

APP 交易流程

APP 交易流程的目的是为了更好地促进工业 APP 的价值交付，通过该流程可实现工业 APP 价值转移。APP 交易流程应与工业 APP 保护与促进流程联合使用。

APP 交易流程通常由工业 APP 需求方从发起工业 APP 交易订单开始（工业 APP 需求方可以是众包发起人，也可以是工业 APP 的使用方），通过工业互联网平台支付功能完成工业 APP 订单支付，完成订单交易并开启工业 APP 权限转移，并在整个交易过程中提供工业 APP 交易安全保护与控制，提供工业 APP 交易管理。

APP 交易流程的活动主要包括以下几方面：

1）工业 APP 交易订单生成。由工业 APP 使用需求方发起订单请求，或者由众包发起人发起订单请求，生成工业 APP 交易订单。

2）工业 APP 订单支付。由工业互联网平台提供或者集成第三方支付平台，完成工业 APP 订单支付。

3）工业 APP 交易完成及权限转移。对于完成支付的订单，完成工业 APP 权限转移和工业 APP 交易。对于完成工业 APP 交易的订单，工业 APP 需求方将获得相应的工业 APP 使用权限。

4）工业 APP 交易保护。由工业互联网平台提供对工业 APP 整个交易过程的安全保护，保证交易过程的顺利完成。

5）工业APP订单管理。提供交易双方以及工业互联网平台方对工业APP订单的管理的全过程管理。

通过APP交易流程可以帮助工业APP拥有者体现自身的知识价值和劳动价值，有利于鼓励和促进知识工作者与工业人沉淀和转化自己的知识，推动工业APP生态的形成。

使能流程

使能流程用来指导、使能、控制和支持工业 APP 的生命周期，有助于确保开发、支持和控制工业 APP 并提供相应的服务与能力，以及提供支持工业 APP 开发所必需的资源。

工业 APP 的使能流程包括 APP 保护与促进流程与质量管理流程。

APP 保护与促进流程

APP 保护与促进流程的目的是要从法律、机制以及技术上确保工业 APP 所承载的工业技术知识不受到侵害，鼓励和促进广大知识工作者和工业人沉淀知识并分享利用。

APP 保护与促进流程作为使能流程，在工业 APP 的生态体系建设以及工业 APP 开发过程中通过对工业 APP 知识产权以及相关工业技术知识的保护，使得工业 APP 的开发、交易、应用、优化可以正常运转。对工业 APP 的知识产权在法律以及技术方面的保护，可以消除广大知识工作者和工业人的后顾之忧，而机制上的鼓励和促进可以让大家更有积极性。这两点对于工业 APP 生态建设尤其重要。

APP 保护与促进流程主要包括：

1）法律上的知识产权保护，使得工业 APP 所有者的知识产权不受侵害，用户支付报酬使用工业 APP，所有者获得工业 APP 酬劳。

2）工业 APP 有偿使用机制和有效鼓励措施，主要从政策层面改变对知识的认识，形成尊重知识、尊重劳动的氛围。

3）技术上的知识安全保护，一方面是对工业 APP 整体安全的保护，使得工业 APP 不被反编译；另一方面是使工业 APP 所承载的工业技术知识以及其中的模型、数据等不被越权使用。

质量管理流程

质量管理流程的目的是确保满足工业 APP 的质量目标并解决针对特定对象的特定问题。

质量管理流程可以使得工业 APP 开发的目标清晰可见。该流程对工业 APP 开发过程中工业知识特征化定义的完整性和特征化、工业 APP 的实现，以及工业 APP 在效率与价值上的体现都至关重要。

由于工业 APP 开发不同于一般的软件开发，其规模比较小，往往由工业人个体或小团队完成，对于工业 APP 的质量管理容易忽视，导致工业 APP 的质量和最终价值难以体现。因此，质量管理流程的建立就显得尤为重要，通常可以根据工业 APP 的开发目标来确定质量目标。质量管理流程的建立可以参考软件工程质量管理流程，并在此基础上进行简化应用。

第四章
工业 APP 生态建设

我国规模以上制造企业约有 3 万家，制造业 500 强企业即涉及 21 个工业大类。我国的制造业体量巨大，软件产业规模也不小，但工业软件产业却十分弱小。2017 年制造业为 GDP 贡献了超过 24 万亿元，软件产业贡献了 2.9 万亿元的产值，而工业软件的产值仅为 1412 亿元，仅占软件产业产值的 4.9%。[⊖] 工业 APP 在其中贡献比例则少之又少。

我国工业门类齐全，具有 41 个工业大类、191 个中类、525 个小类，成为全世界唯一拥有联合国产业分类中全部工业门类的国家。完整的工业体系使得我国具有明显的工业 APP 生态建设优势。

工业 APP 生态体系建设是一个长期的过程，需要发挥制度优势、政府引导、产学研资以及工业企业和用户各方共同努力；需要针对各领域的基础技术和共性技术，集中社会优势资源和优势力量，建设基础工业 APP 库和共性 APP 库，自顶向下完善工业 APP 体系规划，动员全社会力量体系性地构建工业 APP，避免企业在基础共性技术上重复开发；发挥大型工业企业的带动作用，推动行业龙头企业，建设行业性、示范性工业技术软件体系，提升关键重点行业的核心竞争能力；建立工业 APP 的知识产权保护和交易机制，充分利用互联网调动全社会资源共建共享的优势，促进工业 APP 的社会化建设，并营造充满活力和创新的工业 APP 生态。

⊖ 前瞻产业研究院 .2017—2022 年中国软件行业市场前瞻与投资战略规划分析报告 [R].2018.

百万工业 APP 培育工程

围绕全面落实《中国制造 2025》，推进智能制造，国务院、工业与信息化部以及地方政府等发布了多项要求和指导意见，在这些重要文件中都将工业 APP 作为重要的推进内容。2017 年 11 月 27 日，国务院发布《关于深化"互联网＋先进制造业"发展工业互联网的指导意见》，提出实施百万工业 APP 培育工程，支持软件企业、工业企业、科研院所等开展合作，培育一批面向特定行业、特定场景的工业 APP。到 2020 年，培育 30 万个面向特定行业、特定场景的工业 APP，推动 30 万家企业应用工业互联网平台开展研发设计、生产制造、运营管理等业务。到 2025 年，重点工业行业实现网络化制造，培育百万工业 APP，实现百万家企业上云。

为了落实工业 APP 相关指导意见与政策，2018 年 4 月 27 日工业和信息化部发布《工业互联网 APP 培育工程实施方案（2018—2020 年）》，通过工业技术软件化手段，借助互联网汇聚应用开发者、软件开发商、服务集成商和平台运营商等各方资源，提升用户黏性，打造资源富集、多方参与、合作共赢、协同演进的工业互联网平台应用生态，并提出 4 个重点培育方向：

1）高支撑价值的安全可靠工业 APP。面向国内制造业重点项目推进、重大工程实施和重要装备研制需求，发展具有高支撑价值的安全可靠工业APP。

2）基础共性工业APP。面向关键基础材料、核心基础零部件（元器件）、先进基础工艺、产业技术基础等"工业四基"领域，发展普适性强、复用率高的基础共性工业APP。

3）行业通用工业APP。从行业维度，将适用于特定行业的工业知识和经验软件化，推动提质增效和转型升级。面向汽车、航空航天、石油化工、机械制造、轻工家电、信息电子等行业需求，发展推广价值高、带动作用强的行业通用工业APP。

4）企业专用工业APP。面向制造企业的个性化需求，发展高应用价值的企业专用工业APP。面向制造业企业核心技术攻关、管理模式升级、产业链协同等发展需求，将核心知识和经验软件化，在企业内部实现网络化和智能化传承、积累和发展，加快提升企业核心竞争力，推动提质增效和转型升级。

为了保障工业APP培育工程的落实，从组织、政策与资金三方面提供了坚实保障，加强部省合作，鼓励地方探索发展路径，加强政策引导，加快工业APP培育，并充分发挥财政资金导向作用，鼓励地方政府设立专项资金，加强对工业APP的资金投入。

百万工业APP培育工程的实施将对工业APP的培育与发展产生全方位、深层次的影响，为工业APP生态体系的建设提供了政策上的指导与支撑，通过政策牵引，借助工业互联网平台人才、高校、龙头企业、科研院所、社会化资金等优势资源，以领先的龙头企业作为关键抓手带动整个产业链参与，借助地方政府力量实现区域布局，以通用典型零部件为重点开展横向行业推进，以关键企业应用为试点示范，并借助联盟影响力，助力工业APP培育工程实施，共同加速工业APP生态建设步伐。

工业 APP 生态体系模型

工业 APP 以解决特定问题为目标，通过体系化的多个工业 APP 的组合完成复杂的工业应用，所以需要建设并形成面向不同工业领域、不同行业的工业 APP 生态。纵观整个工业体系，需要一个庞大的工业 APP 生态体系来支撑。如图 4-1 给出了工业 APP 生态体系模型，工业 APP 生态体系由基础部分、参与主体与主要活动、使能环境三大部分组成。

工业 APP 生态体系可以概括为：三个基础、四个使能体系、四个使能环境，支撑各类参与主体，开展 6 项主要活动，共同构建工业 APP 生态。

工业互联网平台、基础工业软件和工业建模软件，以及工业 APP 体系构成了工业 APP 生态体系的基础部分；APP 质量体系、APP 标准体系、评估评价体系、安全保护体系四个体系，以及众包、开发、交易和应用等四大环境构成核心的使能环境；同时以政策为指导，融合了工业龙头企业、高校、社会化工业人、IT 企业、研究机构以及金融机构的工业 APP 生态参与主体，完成从人才培养、技术溢出、知识交易、资金支持、技术成果转化、工业 APP 体系规划等活动。

工业互联网平台与基础工业软件和建模引擎将随着技术的发展逐渐融合，形成未来的工业操作系统，提供工业 APP 的基础环境。

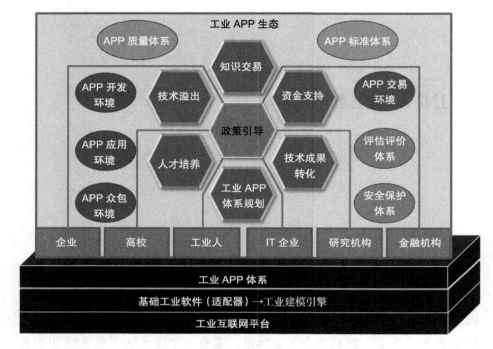

图 4-1　工业 APP 生态体系模型

工业 APP 生态环境的建设将围绕使能环境建设、广泛发动参与主体开展工业 APP 生态建设活动，以及包括工业 APP 体系与工业操作系统在内的工业 APP 生态基础建设等三个方面开展。

参与主体及主要活动

工业 APP 生态建设是一项浩大的工程，需要包括各级政府、企业（尤其是龙头企业）、企业内的工业人、高校、研究机构、金融机构，以及社会化工业技术知识拥有者等在内的主体广泛参与，并且需要经过一个很长的建设周期才能产生成效。图 4-2 列举了工业 APP 生态建设的主要参与者与主要活动。

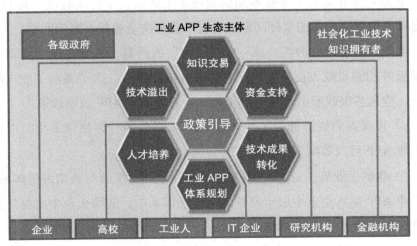

图 4-2　工业 APP 生态建设参与主体与主要活动

各级政府以政策作为牵引，与各参与方共同完成工业 APP 体系规划，联合高校、联盟和社会化力量开展工业 APP 人才培养，鼓励工业技术知识的拥有者将工业技术知识转化为工业 APP，实现技术溢出和知识转移，鼓励技术成果转换，并以资金作为杠杆撬动社会化力量参与到工业 APP 生态建设中。

政策引导

最近在工业互联网领域出现了"两热一凉"的现象：各级政府、参与工业互联网平台建设的企业（大多是 IT 企业）热，但制造业企业对工业互联网平台反映很平静。

为什么会出现这样的情况呢？已经有很多学者撰文分析其中一些问题。在这里强调一点，解决"两热一凉"问题的根本不在于建设多少个工业互联网平台，而在于掌握工业 APP 这个能够真正帮助企业解决实际问题的抓手。在当前情况下，工业互联网平台只是一个载体，真正发挥作用的是平台上有多少能够解决企业实际问题的 APP。而工业 APP 开发的主体是工业人，掌握并能够贡献工业技术知识的还是工业人，不是政府也不是 IT 人。平台并不能解决企业的实际问题或者说不能解决企业最关键的问题。

因此，要解决"两热一凉"中"一凉"的问题，关键还在于调动企业中掌握并能够贡献工业技术知识的工业人的积极性。为了调动工业人的积极性，建议各级政府出台针对企业和工业人的工业 APP 鼓励政策：

1）建议人力资源部把工业 APP 纳入工程师职称评估体系中，对高价值工业 APP 可以等同于核心期刊论文。

2）鼓励企业将工业 APP 纳入对工程师职称、绩效与业绩评价体系中；把工业 APP 纳入企业中层干部管理与考核体系中，鼓励企业中层与广大基层员工积极参与工业 APP 建设。

3）建立基金，企业或个人可以根据认定的工业 APP 成果获得适当的奖励与资金支持。

4）鼓励工业 APP 技术成果转化。

政策是最好的指挥棒，发挥政策的引导作用对于工业 APP 生态体系的建设非常关键。各级政府应该找准问题关键，积极出台政策，引导广大企业、工业人以及社会化力量参与到工业 APP 生态建设中。

人才培养与"百万工业 APP 大讲堂"

在 APP 生态建设中，人才培养是一项关键因素，首先要充分利用高校教育资源，其次要提供各种社会化人才培养途径，第三，需要借助工业互联网平台构建工业 APP 开发者社区，聚集社会化的 APP 开发人才。

（1）百万工业 APP 大讲堂

百万工业 APP 大讲堂是一种典型的社会化人才培养途径，是在相关部门指导下，借助联盟的力量，组织精干师资力量，围绕行业、集团性企业、地方聚集产业开展工业 APP 理论与技术培训。

2018 年 12 月 14 日，工业与信息化部组织召开"2018 年产业互联与数字经济大会——首届工业互联网平台创新发展暨两化融合推进会"，中国工业技术软件化产业联盟、中国和平利用军工技术协会、智慧军工产业联盟、北京索为系统技术股份有限公司与走向智能研究院一起举办"工业技术软件化专题论坛"暨"百万工业 APP 大讲堂"开坛仪式，"百万工业 APP 大讲堂"正式成立（见图 4-3）。

百万工业 APP 大讲堂主要围绕工业 APP 生态建设人才培养开展工业技术软件化与工业 APP 理念宣贯、工业 APP 开发技能培训、工业 APP 案例分享，建立工业 APP 应用展示中心，并结合地方企业开展工业 APP 开发实践，培育地方工业 APP 开发基地以为各地方企业服务。截至 2018 年年底，已经在汕头、北京、山东新泰市开展了四次大讲堂活动，切实服务企业，帮助企业解决实际问题。

图 4-3　百万工业 APP 大讲堂开坛仪式

（2）开展工业 APP 进校园活动

要借鉴当初 CAD/CAE 软件的推进模式，抓住工业人才的摇篮——高等院校——这个关键，让工业技术软件化与工业 APP 理念进入理工类高校课堂，鼓励高校师生积极参与工业 APP 开发实践。

2018 年，在 AII 联盟组织的工业 APP 大赛过程中，工业技术软件化与工业 APP 的理念已经走进包括北京航空航天大学、华南理工大学、西安交通大学、上海交通大学、哈尔滨工业大学、清华大学在内的 31 所理工类高校。大赛过程中共有 99 支高校团队组队参赛。其中，北京工商大学、上海交通大学、中国科学院大学、北京航空航天大学、大连理工大学、同济大学、东北大学、西安电子科技大学、西安交通大学等高校独立或组合的参赛团队进入十二强。"工业 APP 进校园"活动已经迈出了坚实的一步。

（3）建设工业 APP 开发者社区

建立工业 APP 开发者社区，可组织有共同兴趣与爱好的工业 APP 开发者共同攻克某一领域或某些领域的工业 APP 开发任务，通过社区带动所有工业 APP 开发者的协同性，共同推动工业 APP 生态建设。

工业 APP 的技术转化与认证

应把工业技术 APP 纳入技术转化和认证体系，鼓励知识工作者的技术转化。

  工业技术知识共享并不是现在才提出来的话题，为什么一直没有很好地开展呢？有几个方面的原因：每个人或者每个企业敝帚自珍，很多人把这些知识当成了吃饭的依靠，所以主观上不愿意分享；另外还有一点，知识的分享一直未能给知识拥有者或企业带来任何价值，缺乏分享的动力。应引入社会化力量，开展高价值 APP 的产品化与推广应用。

  推动工业 APP 认证与评级，对于高价值的工业 APP 可以与核心期刊论文等同，纳入职称评定与任职资格评定体系中。

工业 APP 生态基础建设

工业 APP 体系与工业互联网基础平台是工业 APP 生态建设的基础。工业 APP 体系规划提供了工业 APP 生态的全景框架，而工业互联网基础平台提供了工业 APP 生态的基础支撑环境。

工业 APP 体系规划

工业 APP 体系是对工业 APP 生态的一种结构化表达，具有明确的层次性。按照工业 APP 体系规划流程，工业 APP 体系规划需要自顶向下按照所处的层级逐层分解和细化。

通常按照宏观、中观与微观三个层面来进行工业 APP 体系的规划。

1. 宏观层面的工业 APP 体系规划

在宏观层面，站在政府组织的视角，关注工业 APP 在顶层的以行业维度为主线，生命周期阶段（研发、制造、运维）与适用范围（基通专）作为辅助属性，将工业 APP 按照 25 个行业大类进行分解，在宏观层面体系规划中，最低分解层次到行业小类。

宏观层面的工业 APP 体系模型如图 4-4 所示，其以行业为主线，模型

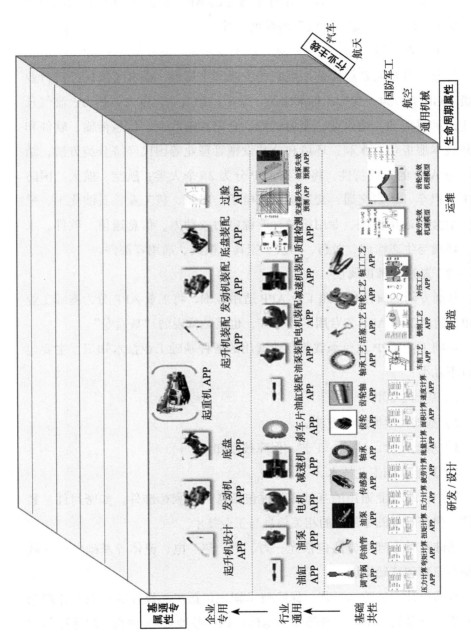

图 4-4 宏观层面的工业 APP 体系模型（来源：索为系统提供）

的每一个切片代表一个行业,在每个行业的 APP 体系中,附加"基通专"与"研发 / 设计 – 制造 – 运维"等辅助属性。

(1)行业主线

行业维度是宏观层面体系规划的主线和主属性。参考《国民经济行业分类》(GB/T 4754—2017)标准中关于采矿、制造业、电力、热力、燃气及水生产和供应业,建筑业,交通运输、仓储和邮政业,信息传输、软件和信息技术服务业,水利、环境和公共设施管理业等国民经济分类方法,结合工业 APP 的工业特性,将工业 APP 分为 25 个大类:航空、航天、国防军工、汽车、轨道交通、交通运输、电子、船舶、核工业、石油化工、采矿、冶金、通用机械、专用机械、能源电力、动力、信息通信、软件、水利、环境与生态治理、医药、建筑、家具、模具、通用零部件。

(2)基通专辅助属性

基通专辅助属性是按照工业 APP 适用范围,将工业 APP 分为基础工业 APP、通用工业 APP 和专用工业 APP,也就是常说的"基通专"。

基础工业 APP 主要承载跨行业通用的各种基础工业技术知识,主要包括以下几类:

1)基础零部件。

2)基础科学原理与方法。

3)基础设计、试验、工艺、保障技术知识。

4)其他基础工业技术。

其中,跨行业通用的基础零部件包括各种国家标准件,如密封件、紧固件、弹簧等基础零部件的相关信息与工业技术。

基础科学原理与方法包括光、力、声、热、电、流体等基础学科领域的基本原理和基础知识。

基础设计、试验、工艺、保障技术知识包括产品设计的一般设计理念与方法、产品设计基本原理等设计基础知识;各种 CAE 仿真一般流程与方法,基础试验方法等试验验证基础知识;车、铣、刨、磨、镗、热、表、铸、锻、焊、装备等基础工艺以及工装、夹具、量具、刃具等基础工艺知识；以及基础的保障知识等。

其他基础工业技术包括跨行业通用的各种材料信息、法规、标准等基础信息。

（3）生命周期阶段辅助属性

生命周期阶段辅助属性是按照产品的生命周期阶段，为工业APP增加研发、制造、运维等辅助属性。在生命周期维度上，还可以根据需要对生命周期阶段辅助属性进一步细化并向价值链方向扩展。例如，细化生命周期阶段，增加需求、概念、产品设计、工艺设计、制造设备设计、生产（生产执行、监控、控制、质量检测等）、运营服务（数据采集、环境监测、状态监控、故障诊断、健康管理、运行控制等）、经营管理等辅助属性。

此外，在宏观层面的APP体系规划中，在以行业为主线的基础上，还可以根据需要增加其他辅助属性，如从工业模型维度，根据APP所关注与封装的工业模型类型（如对象模型、业务模型、机理模型、数据驱动模型等类型）来添加工业APP辅助属性。

图4-5展示了一种顶层工业APP体系规划示例。该顶层体系规划示例是在行业主线上进一步细化到行业小类的一种体系建设。

图4-5　顶层工业技术体系（来源：索为系统提供）

2. 中观层面的工业 APP 体系规划

中观层面考虑某一个具体的产品对象的定义、设计、实现与运维，因此，中观层面的工业 APP 体系规划基于某个特定行业或子行业的产品对象层面，以产品分解结构（PBS）为主线，辅之以产品生命周期、系统工程、项目管理等属性，整合形成特定产品对象的 WBS，基于特定产品的 WBS 来规划工业 APP 体系。图 4-6 描述了中观层面的工业 APP 体系模型。

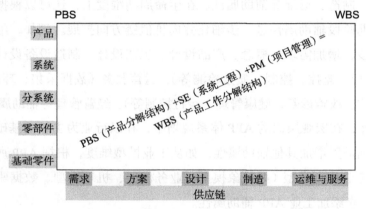

图 4-6　中观层面的基于 PBS-WBS 的工业 APP 体系模型

在中观层面，其主要关注点在于某个或某些特定的产品对象的研制与运维，这是在企业层面的重点关注内容，考虑的是该产品对象在本企业或者上下游配套协作企业的研制与实现。

企业首先基于产品对象的组成结构分解为不同的系统、分系统、零部件、基础零件（在工程实践中通常是在研制过程中逐级分解，不会一下子就分解到底），然后结合系统工程与项目管理形成整个产品研制的工作分解结构。因此，在中观层面的工业 APP 体系通常可以与企业产品研制流程所对应的工作包进行映射，每一个工作包可以对应一个工业 APP，形成企业完整的工业 APP 体系。

图 4-7 是一种隶属于通用机械行业的某起重机械产品的工业 APP 体系（研发部分）示例。

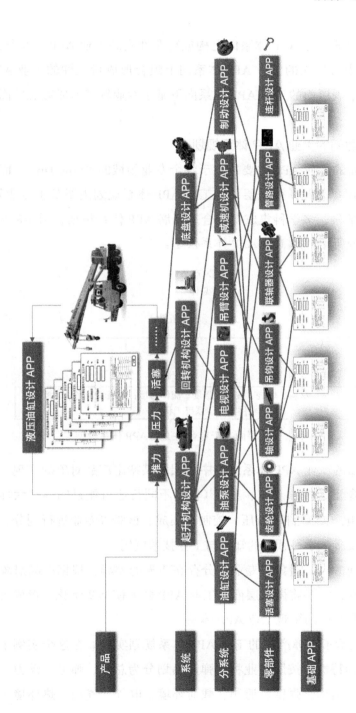

图 4-7 通用机械的工业 APP 体系规划实例（来源：索为系统提供）

中观层面的工业 APP 体系向上构成行业性宏观工业 APP，多个企业、多个产品的中观层面的工业 APP 体系向上组合形成行业性的工业 APP 体系。同时，中观层面的工业 APP 体系向下基于专业领域形成微观层面的工业 APP 体系。

3. 微观层面的工业 APP 体系规划

微观层面的工业 APP 主要是基于各个专业领域的 Know-How，面向专业目标的实现。因此，微观层面的工业 APP 体系规划主要基于专业领域，辅之以专业学科、多学科集成与综合来开展 APP 体系规划。图 4-8 展示了基于专业领域所形成的工业 APP 体系模型。

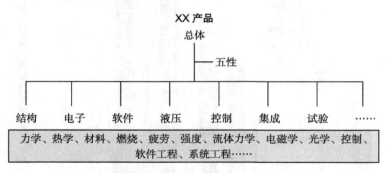

图 4-8　微观层面基于专业的工业 APP 体系模型

微观层面的工业 APP 体系承接中观层面某特定产品对象的实现。在某特定产品对象下，按照总体、五性（根据不同行业可能是四性、六性或七性）、结构、电子、软件、液压、控制、集成、试验等专业进行划分，每一个专业将涉及多个学科领域的知识与工业技术应用。

针对不同的产品对象，专业划分存在明显的差异，根据产品对象的特性与行业特性，需要将微观层面的工业 APP 体系模型实例化，形成具有行业特性和产品特性的微观工业 APP 体系。

图 4-9 展示了导弹产品的工业 APP 体系规划实例。在这个实例中，根据导弹系统的特性，按照专业将导弹产品划分为总体、弹道、动力、制导控制、指控、结构、强度、遥测、载荷环境、电气、气动、热环境等，形

成导弹产品的工业 APP 体系。

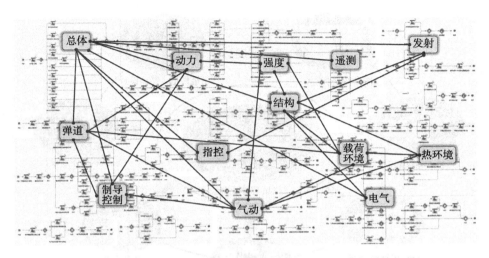

图 4-9 导弹系统的工业 APP 体系规划实例（来源：索为系统提供）

对于飞机而言，由于产品特性上的差异，其专业划分与导弹产品就会存在比较大的差异，如图 4-10 所示，通常可以划分为总体、结构、机电、航电、飞控、推进、任务系统、综合保障等专业，形成飞机系统的工业 APP 体系的顶层结构。为了进一步完善工业 APP 体系，还可以针对不同的专业继续开展专业细分，对于飞机总体设计而言，还包含了很多细分专业，因此可以继续按照专业细分进一步细化工业 APP 体系。

飞机总体设计 APP 主要用于飞机可行性论证、方案设计和技术设计阶段，涵盖总体、布局外形、气动、隐身、重量、性能、操稳、气弹载荷等设计专业，主要包括：总体论证相关工业 APP、布局外形相关工业 APP、气动分析相关工业 APP、隐身分析相关工业 APP、总体布置相关工业 APP、重量分析相关工业 APP、载荷分析相关工业 APP、性能分析相关工业 APP、操稳分析相关工业 APP。

在整个工业 APP 体系规划中，要坚持分级原则，不同层级遵循不同的规划思路，自顶向下、逐层分解与规划，然后自下而上建设与完善，形成完整的工业 APP 体系。

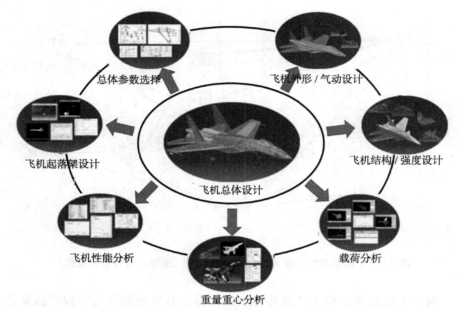

图 4-10　飞机总体工业 APP 体系规划实例（来源：索为系统提供）

基础工业软件（工业建模引擎）

基础工业软件一直是中国工业领域的"痛"，国内各种基础工业软件基本上都是国外软件，在一些关键领域往往成为"卡脖子"的部分。

长期以来，由于我国基础研究薄弱、工业技术积累差，尤其是战略误判导致重视程度不够，使得我国的工业软件陷入一个恶性循环的怪圈——因为后起而不成熟，因为不成熟就没人用；因为没人用就不会成熟，越不成熟就越没人用。所以我国民族品牌的各类装备和工业设计软件以及基础类核心部件等，一直处于看不到希望的死循环之中，使得即使有理想、有家国情怀的企业家也望而却步、心有余悸。⊖

⊖ 孙尚传. 没有自己的工业母机和操作系统，中国工业就没有未来 [EB/OL]. 中国轻工网. 2018-6-20.

赵敏先生在《为工业软件正名》中指出："工业软件是一个典型的高端工业品，它首先是由工业技术构成的！研制工业软件是一门集工业知识与"Know-How"大成于一身的专业学问。没有工业知识，没有制造业经验，只学过计算机软件的工程师，是设计不出先进的工业软件的！"

全球最大的 CAE 仿真软件公司 Ansys 于 2016 年在研发的投入为 3.5 亿美元——"一个 CAE 公司一年研发 = 一个国家 15 年的全部投入"。㊀

工业软件的严重短板很快给中国制造业带来了恶果。

2018 年 4 月 16 日，美国商务部下令禁止美国公司向中兴出售元器件、软件等产品，为期 7 年。这意味着中兴产品的很多关键零部件将断供，不仅如此，全球最大电子设计自动化（EDA）公司 Cadence 的内部邮件流出，邮件称将停止对中兴服务。Cadence 停止对中兴服务意味着，中兴即使想要自主设计芯片，也将失去最基础的 EDA 工具。㊁

2018 年 10 月 12 日，美国核安全局针对中国核工业突然出了一份禁令，包括对轻水小堆、非轻水先进反应堆、新技术转让、设备和部件、材料、软件等发出禁令。值得关注的是，工业软件系统被单独指出来，此禁令除影响到设备与硬件外，还将影响到核工业的工程设计与管理软件，如 PDS、UG、Teamcenter、Autocad、Bentley、NX 等源代码属于美国产权的软件或系统。㊂

任何一款国外的先进工业软件，都是经过几十年的工业打磨与工业一起成长起来的，而发展自主工业软件最大的障碍其实是工业用户不愿意给自主工业软件成长的机会。由于国产自主软件起步较晚，成熟度低，因为担心在使用中出现技术问题，害怕承担责任，大多数企业都不愿意购买国

㊀ 林雪萍，赵敏．工业软件黎明静悄悄｜"失落的三十年"工业软件史 [OL].http://www.sohu.com/a/214139579_290901.

㊁ 远洋．全球最大 EDA 公司 Cadence 内部信流出，停止对中兴服务 [J/OL].IT 之家．https://www.ithome.com/html/it/356287.htm.

㊂ Nuclearmedia．突发！美国针对中国核电行业发起禁令 [OL].https://mp.weixin.qq.com/s/v9yh2xYHc22K22Q7wX2hQA.

产软件。这一方面有自主软件在性能上不成熟的因素，更重要的是有一种思想在作怪："我购买了最好的软件给你，你如果还设计不好或者出现问题，那么就不是我的责任了。"这样的思想堵死了国产软件在试错中成长的途径，导致现在差距越来越大，以致"人们连呐喊的力气都没有了，发展自主的工业软件已经成为人们心中认定的笑话。"⊖

但是，基础工业软件以及工业建模引擎是中国迈向制造业强国路途上必须迈过的一道坎，没有基础工业软件，没有工业建模引擎，无论是工业互联网平台还是中国制造，都是摆放在别人家餐桌上的菜，一旦人家掀桌子，谁都吃不成。工业软件的服务一旦停止，中国制造业将彻底停摆。所以，无论如何，中国工业、数学、计算机等领域仁人志士们必须拿出"原子弹，一万年也要搞出来"的决心和勇气来实现突破！

工业互联网平台

作为工业 APP 生态建设的基础之一，各行各业、各级政府都掀起了建设工业互联网平台的热潮，目前已经达到了相当高的热度。工业互联网平台连接不同的用户，可以完成需求对接，连接设备获取数据，连接供需双方完成工业需求对接，连接资源和能力实现最大化利用，同时工业互联网平台也为工业 APP 以及工业 APP 生态提供了载体。

这里重点强调，除了基本的连接功能外，工业互联网平台最重要的是要成为工业 APP 的工业操作系统，而提供通用工业建模引擎是成为工业操作系统的一个关键要素，由此看来，中国工业互联网平台还有相当长的路要走。

⊖ 林雪萍，赵敏. 工业软件黎明静悄悄 | "失落的三十年" 工业软件史 [OL]. http://www.sohu.com/a/214139579_290901.

工业 APP 使能环境建设

工业 APP 使能环境建设包含了 APP 标准体系、APP 质量体系、评估评价体系、安全保护体系四个使能体系,以及工业 APP 众包、开发、交易、应用四个使能环境的建设。

APP 标准体系

在工业 APP 的定义中,明确强调工业 APP 重视标准化,构建工业 APP 标准体系为解决数据模型和工业技术知识的重用及重用效率提供了基础,使得工业 APP 可以被广泛重用。工业 APP 标准体系是工业 APP 健康发展的保障。

工业 APP 涉及的类型多、范围广,相互之间具有紧密关联的工业 APP 需要具有开放性,既需要使用其他工业 APP 的输出结果,也应该为其他工业 APP 提供输出模型和数据,所以工业 APP 需要一套标准体系来保证相互之间的交互性与开放性。

标准作为引导和规范行业发展的重要途径,有助于推动行业建立共识,促进技术的积累融合和关键技术攻关,加快技术成果的应用,完善产业生态，是构建工业 APP 生态体系必不可少的手段。

针对工业 APP 这个对象，可以围绕如何培育开发工业 APP、如何应用工业 APP、如何规范工业 APP 服务，以及如何提供保障安全四个目标问题，构建工业 APP 标准体系。

图 4-11 是针对工业 APP 标准体系的一个规划示意，该规划来自于索为系统公司。在整个工业 APP 标准体系中，包含工业 APP 术语和定义、工业 APP 参考架构、工业 APP 生命周期流程、工业 APP 数据与建模通用要求、工业 APP 适配器通用要求、工业 APP 开发平台通用要求、工业 APP 运行平台通用要求、工业 APP 语义标识体系、工业 APP 保护通用要求、工业 APP 质量要求、工业 APP 测试规范、工业 APP 分类通用规范、工业 APP 交易体系等 13 个标准。

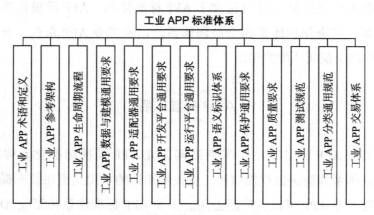

图 4-11　工业 APP 标准体系（来源：索为系统提供）

工业 APP 术语和定义：关注工业 APP 相关的术语及解释，规范工业 APP 基本概念，如对工业云、工业大数据、语义标识体系、知识体系、分类体系等进行精确、详细的阐述。

工业 APP 参考架构：构建工业 APP 的通用概念框架，明确内涵、关注点和技术领域范围，定义业务架构、应用架构、数据架构、技术架构和部署架构，为实际工业技术体系的规划建设、开发提供参考和指导。

工业 APP 生命周期流程：定义工业 APP 一般的生命周期流程，描述每一个流程的目的、输入、输出、活动以及相关事项，描述工业 APP 生命周期流程应用和裁剪等相关规范，指导工业 APP 规划、开发与应用等活动。

工业 APP 数据与建模通用要求：定义工业 APP 动态建模机制。基于统一数据模型、统一业务模型、统一活动模型提出数据、过程和工具的集成适配功能要求，并提出支撑数据与知识在平台上运行的通用功能要求。

工业 APP 适配器通用要求：定义了工程中间件与外部数据管理类系统、过程管理类系统、工具软件系统进行集成适配的通用要求。

工业 APP 开发平台通用要求：描述工业 APP 组件化开发平台的通用要求，提出可视化封装环境，应提供第三方工具软件的集成接口、流程定制工具、交互界面定制器等功能，将数据、流程、知识等统一封装为知识组件，建立各知识组件之间的数据关系、逻辑关系，最终构成适用于专业领域的工业 APP。

工业 APP 运行平台通用要求：描述工业 APP 运行平台的通用要求，提出轻量化、模型化的工业 APP 运行环境，应支持 APP 调用执行、APP 参数配置及结果数据可视化、APP 的组装应用、APP 数据管理及知识推送等功能，从而实现基于工业 APP 的复杂产品协同设计与仿真。

工业 APP 语义标识体系：构建一个与工程实践紧密结合的知识工程平台框架，通过提供统一知识模型，构建底层知识资源池和知识体系，从而支撑知识应用服务及知识的分析与展现。

工业 APP 保护通用要求：定义工业 APP 在开发、运行过程中的技术与安全性设计要求，以及工业 APP 运行过程中的外部安全保护要求。

工业 APP 质量要求：结合工业 APP 的特点，从功能性、性能效率、兼容性、易用性、可靠性、信息安全性和维护性等提出工业 APP 质量评估规范和相关要求。

工业 APP 测试规范：依据工业 APP 的质量要求，针对每个度量指标，定义详细的测试方法，从测试前置条件、测试输入、测试类型、测试要点等方面提出工业 APP 测试规范要求。

工业 APP 分类通用规范：从工业 APP 本质和外部特性出发，构建工业 APP 分类体系。并基于相应的行业分类标准框架，分别开展分类方法及编码体系的梳理。

工业 APP 交易体系：构建适用于工程师、企业、机构间工业技术交易的云市场平台框架，并定义工业 APP 交易评价体系，支撑各行业、专业、产品的工业 APP 在此平台上进行流通。

评估评价体系

评估评价体系是要建立科学的工业 APP 评价系统，包括中立的评估评价团队、合理的评估评价工作流程、科学的评估评价方法，并针对工业 APP 建立完善的评估评价项、明确的评估计量手段和评估评价准则。

1）评估评价工作流程。根据两类不同的工业 APP 评估评价类型，分别确定正式评估评价工作流程、非正式评估评价工作流程。

2）评估评价团队。在正式评估评价中，需要组织由该 APP 所涉及的一个或多个专业领域中的多名专业人士组成评估评价团队；在非正式评估中，工业 APP 使用者即为评估人，通过广泛的使用者参与形成更具代表性的评估团队。

3）确定评估评价方法。建立多种类型的评价方法与模型（如加权评估则需要针对评价要素分配合适的权重等），建立不同类型工业 APP 适用的评价方法与模型匹配矩阵。

4）建立不同类型工业 APP 的评价要素体系。根据不同工业 APP 的类型，尤其是工业 APP 中所封装承载的工业模型类型，拟定工业 APP 评价要素体系。确定工业 APP 评价要素体系最为关键，评价要素要尽量全面，符合不同类型工业 APP 的特征与特性。评价要素体系可以从工业 APP 所定义知识的完整性、知识应用的逻辑性、工业技术知识点与应用的创新性、算法优化，以及知识特征要素完整性、开放性、扩展能力、交互性和 APP 的可用性等方面考虑，此外还可以将可重用范围与预期价值等要素纳入评价要素体系中。

5）建立科学的评价要素评价计量和评价准则。

APP 质量体系

构建政府部门、行业联盟、第三方机构以及企业多方参与的开放工业 APP 质量生态体系是保证工业 APP 质量的有效方式。

在整个生态体系中政府部门出台政策法规，建立工业 APP 上线审查制度，规范产业运行管理机制；行业联盟等制定标准规范，为质量管理提供行动指南；第三方机构依据政策法规以及标准规范，形成测试认证评估能力，以质量管理服务为手段从管理体系认证、产品测试、持续服务能力评价、运行维护监管等方面对整个产业链进行全方位的质量管控。

（1）从 APP 实现层面建立工业 APP 全生命周期质量管理体系

软件全生命周期过程对工业 APP 仍然适用。工业 APP 全生命周期质量管理实际上是工业 APP 的开发实现工程化管理，它的主要任务是使工业 APP 活动规范化、程序化、标准化。①工业 APP 的全生命周期质量管理体系围绕工业 APP 的目标与需求分析，知识特征化定义、建模、开发封装、测试验证、应用改进进行构建。②根据相关标准规范，通过质量管理计划、文档管理、缺陷管理、过程质量数据收集分析等对工业 APP 的各个过程进行规范化管理、协调、监督和控制；③建立机制，通过开发计划、任务管理、进度管理、评审控制、变更控制等进行项目过程管理；④通过专业人才队伍进行全局的配置管理，形成有机统一的管理体系。

（2）从企业层面建立工业 APP 软件化成熟度等级认证体系

通过成熟度等级认证体系提供一个基于过程改进的框架图，指出一个工业 APP 开发企业在工业 APP 开发方面需要做的工作及这些工作之间的关系，从而使工业 APP 开发走向成熟。①通过建立工业 APP 的过程改进计划，致力于工业 APP 开发过程的管理和工程能力的提高与评估；②指导开发主体如何控制工业 APP 的开发和维护过程，以及如何向成熟的工业 APP 工程体系演化，并形成一套良性循环的管理文化，进而可持续地改进其工业 APP 质量。

（3）从产业层面建立工业 APP 质量服务平台

由第三方建立工业 APP 质量服务平台，开展工业 APP 的质量管控、供需对接、能力认证、测评服务。①提供对工业 APP 质量数据的广泛收集、脱敏处理、深度分析，形成质量数据地图，实现对工业 APP 的质量监控、质量预警、质量评价。②基于监控、预警和评价分析得到信息，提供模型进行实时决策，提升对工业 APP 行业质量实时监测、精准控制和产品全生命周期质量追溯能力。③促使质量技术、信息、人才等资源向社会共享开放，打造质量需求和质量供给高效对接的服务站，为产业发展提供全生命周期的技术支持。④通过制定认证服务规范，对工业 APP 产业链上下游的企业从技术、产品、体系进行能力认证。⑤围绕工业 APP 功能、性能、可靠性、可移植性、安全性等测试需求，广泛汇聚测试开发者与测评服务提供商，推动测评能力开放与共享，形成"众创、共享"的测评研发创新机制。

构建工业 APP 质量生态体系是壮大工业 APP 生态的前提。可靠的工业 APP 质量保证、可信的工业 APP 应用效果是工业 APP 能够广泛重用、价值倍增的基础。

工业 APP 将融入制造业各个环节，是先进制造背后的驱动力，工业 APP 的质量将深刻影响制造业的质量。而质量是制造业的生命，是制造业强大的主要标志，没有高水平的质量，就不可能成为世界制造强国。因此，工业 APP 的质量成为提高制造业质量和品质，促进制造业转型升级的关键一环。

构建多方参与的开放工业 APP 质量生态体系是保证工业 APP 质量的有效方式。由第三方测试机构依据相关标准规范，搭建质量公共服务平台；由经过认证的测试服务提供商或测试工程师对提交的工业 APP 进行测试，将认证合格的工业 APP 放入工业 APP 应用市场中，供制造业各个环节使用；在使用过程中政府监管部门及第三方测试机构对工业 APP 进行监管，使得工业 APP 全生命周期的质量得到保证。

安全保护体系

工业 APP 安全保护体系包括四大方面的保护，即法律和机制保护、知识和模型保护、安全性设计和置信度、安全保护。

1. 法律和机制保护

法律和机制保护提供了工业 APP 安全保护的外部环境，包括：

1）建立对工业 APP 的知识产权保护，保护个人、企业的工业 APP 知识产权，促进工业技术、工业知识的有效转化和广泛应用。

2）建立有偿使用机制，重视知识与智力的价值，驱动创新，建立有偿企业内部或企业间使用机制，鼓励创新，鼓励知识分享。

3）构建并形成企业内部良好的共享企业文化，工业技术与知识只有在共享的文化背景下才能发挥倍增效果。

2. 知识与模型保护

知识与模型保护包括模型与数据的分级授权、知识组件化封装、知识组件授权等方面的保护。

（1）模型与数据分级授权

模型与数据分级授权解决了长期以来困扰企业在知识与模型分享过程中对数据与模型所有权控制的问题。

由于存在数据与模型扩散的顾虑，很多企业在产品研制开发过程中，将本来已经完成的三维模型，通过转换生成为二维图纸并提交给协同方，协同方再在二维图纸的基础上重新建立三维模型，开展相应的工作。这种人为的担忧与困扰极大地降低了企业间知识共享的效率。

采用模型与数据分级授权方式，通过对模型、数据以及知识的更细颗粒度的定义，以及设置不同的模型细节层次与对应的权限，可针对不同的共享与协同对象和应用场景开放不同的权限。首先，提供模型与数据的企业不担心模型的细节特征被其他企业获得；其次，接收模型的企业也可以基于获得的模型快速高效地完成相应的协同工作；最后，由于协同企业使用的是原模型完成的相应协同工作，减少了重新构建模型过程中出现偏差的概率，不仅提高效率，而且减少风险。

将复杂工业产品的研发过程与工业APP生态支撑环境融合，对产品协同开发数据与工业APP资源及应用数据采用不同的权限管理机制，将两大类数据融合实施分权授权技术，是未来工业互联网应用的创新之一。

（2）知识组件化封装

知识组件化封装是实现知识的快速转化、高效率传递和保护知识的有效手段。

通过工业知识组件化封装，可将工业技术中方法、算法、流程、技术、经验、知识等工业技术要素以统一的标准打包成"知识黑盒"，对知识组件内部的机理、知识逻辑以及关键核心技术进行加密保护。使用者可以给定适当的输入并使用该知识组件来解决相应的问题，但是无法知道知识组件内部核心原理。

通过这种封装技术一方面解决了核心知识保护的问题，另一方面消除了知识拥有者的顾虑，促进了知识的分享与流通。

（3）知识组件授权

工业知识组件授权是知识共享和知识交易过程中对知识的核心保障手段。当我们通过知识组件化封装形成知识组件并解决了知识所有权问题后，接下来将面临如何解决知识组件在分享与交易过程中面临的困难。

传统的软件授权一般都是通过购买完整的授权码，进行一次性收费或通过年度授权，按年计费。但是对于工业知识组件来说，为了有利于知识的广泛应用与推广，通常不可能像一般的软件那样给交易的知识组件定很高的价格，而是通过大范围、多频次的使用来让知识贡献者获得收益。因此就需要通过计次使用或者计时段使用的知识使用控制技术来支撑。

通过分发授权码,可让指定的人在一定的时间周期内或者明确的使用次数范围内使用指定的知识。这样既保护了知识组件拥有者免遭知识的不限制复制、扩散,保护了知识贡献者的权益,进一步又带动知识贡献者分享知识的积极性,大量的工业知识组件将不断涌现。对于这些工业知识组件的贡献者和开发者而言,自己的成果为更多企业和用户所使用,不仅让他们在用户使用过程中获得更大的收益,而且可以促进软件知识组件的成熟,形成一个良性循环。

计次/分时计费技术在软件中的应用是一项移植性技术突破,是将传统在其他行业中的相应技术移植到工业知识组件中来,创造性地解决了工业知识组件共享和交易中的知识范围控制与无限制扩散问题。

3. 安全性设计和置信度

工业 APP 用于工业生产环境,容易受到干扰或干扰别的设备,其执行错误所带来的后果不仅仅是数据错误,而有可能导致严重后果,因此对工业 APP 的质量,尤其是结果安全性有更高的要求。工业 APP 不仅要重视信息安全,更要重视工业 APP 执行结果的功能安全性和置信度。

对于安全性设计,可以参考 IEC 61508-1:1998(《电气/电子/可编程电子安全相关系统的功能安全要求》),从研发过程管理、安全保障技术等多个方面对工业 APP 的开发过程的建模、数据交互、特征完整性、安全保障等方面进行安全性设计,提升工业 APP 的功能正确性,降低其他风险。

对于工业 APP 置信度的保障,一方面要确保在复盘过程中知识特征化定义的准确性、完整性,确保相关的工业技术知识、流程、算法、经验以及规律在工程实践中已经被验证,以及结果是在安全可控的范围内。这也是工业 APP 技术过程中反复强调要在复盘过程中来完成的原因。另一方面,通过专业团队的评审与测评,确保工业 APP 的质量和结果可控、可放心使用。

4. 安全保护

工业 APP 的安全保护是一个综合技术,包括软件与硬件的配合、人工智能机器日常维护查找问题，以及人工参与的应急处理与反击等一系列组合应用。尤其是在工业互联网背景下云端工业 APP 信息查询、分级手段等应用方面需要加强控制，建立覆盖设备安全、控制安全、网络安全、软件安全和数据安全的多层次工业 APP 安全保障体系。建立主/被动防御结合、动/静态监测相组合的安全保护体系。

通过安全防御体系内预设的攻击特征库、恶意代码特征库、恶意行为特征库，对已知的病毒木马、攻击技术、破坏行为进行防御。

通过事前高强度加密保护，建设工业 APP 安全靶场，高效诱捕、主动提取特征、积极反制，提升攻击防护、漏洞挖掘、态势感知等安全保障能力，主动防御未知的病毒木马、攻击技术、破坏行为。

通过定制的算法以及内嵌的人工智能、机器学习和神经网络技术，智能地识别未知特征与行为，形成安全防御体系中的动态监测能力。

建立工业 APP 数据安全保护体系，加强数据采集、存储、处理、转移等环节的安全防护能力。研究院所与企业应联合建设工业 APP 应用安全管理体系，建立健全工业 APP 信息安全测评机制，形成工业 APP 信息安全性测试和评估的长效机制。

工业 APP 众包环境

工业 APP 众包环境主要是确保工业 APP 众包流程及相关活动的完成。

在实际的研发、生产、销售活动过程中，有许多外在条件不能依赖本企业资源完成，如缺少经验积累或需要将技术显性化以开发成工业 APP，或者需要外在资源帮助进行企业研发，如撰写技术方案、设计产品、仿真分析，以及生产加工、检验检测等服务。因此，依靠众包环境，可以更好地解决工业活动中资源与能力对接的问题。

通过对接可汇集工程领域需求，解决工程领域难题。通过发布工业 APP 开发、技术方案、产品设计、仿真分析、工艺设计、机械加工、试验检测等相应的需求，利用工业互联网平台上的社会化资源实现众包服务，提供全过程的供需对接流程服务。APP 众包环境可以提供多种模式的众包需求发布，包括一般的需求发布、擂台赛、揭榜，并提供需求沟通与协商、需求确认，并结合评估评价体系完成方案评估、选优、公示等功能。

工业 APP 开发环境

工业 APP 开发环境是工业互联网平台的关键内容，APP 开发环境的核心是建模环境与建模引擎。根据工业互联网平台发展阶段和成熟度水平，针对不同工业 APP 类型的开发环境将以不同的形式呈现。

对于过程驱动型工业 APP，由于需要描述不同的工业品对象，涉及不同专业领域的建模引擎。因此，对于过程驱动型工业 APP 的开发环境，在现阶段，需要由工业互联网平台接入的工业软件来提供专业建模引擎。

对于数据驱动型工业 APP，主要通过数据建模完成建模工作，这类建模引擎相对简单，不涉及专业建模引擎，一般的工业互联网平台基本都可以支撑。因此，数据驱动型工业 APP 开发环境通常已经同工业互联网平台实现了融合。

下面将重点介绍过程驱动型工业 APP 开发环境。

Sysware 是一套成熟的工业 APP 开发环境，主要针对描述复杂工业品对象的过程驱动型工业 APP 的开发，Sysware 已经实现了与工业互联网平台——众工业——的融合，并且封装了上百种不同专业领域的工业软件，形成了接近 300 个版本的工业软件组件，可以直接由 APP 驱动工业软件组件完成各种建模。

Sysware 平台覆盖了企业项目协同管理、研制过程管理、技术状态管理和研制知识管理等环节，如图 4-12 所示，贯穿了工业 APP 开发和应用的全部过程，实现了工业 APP 开发与试运行一体化、工业 APP 与知识管理一体化。

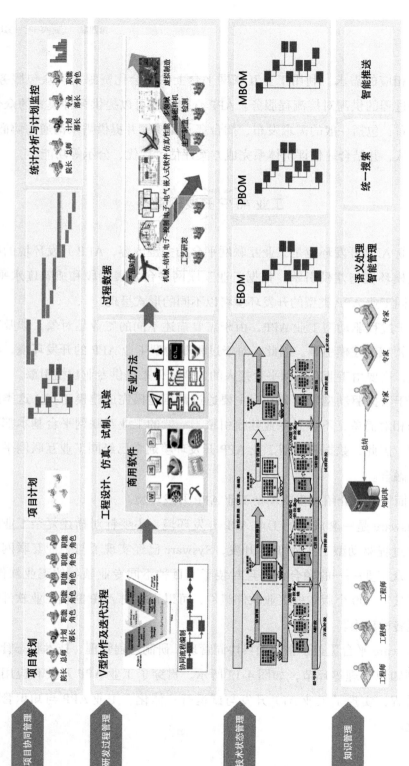

图 4-12 Sysware 业务支撑体系（来源：索为系统提供）

Sysware 平台将工业 APP 开发所需的多种对象实现了图形化转换，主要包括：

- 业务过程图形化。
- 数据建模图形化。
- 软件操作接口图形化。
- 软件数据接口图形化。

该平台主要包括：

- 个性化管理环境，为不同角色的人员提供个人门户。
- 项目流程管理环境，提供项目管理和项目流程协同等。
- 工业 APP 建模环境，提供工业 APP 建模和软件开发等。
- 工业 APP 模板库，提供工业 APP 通用模板和素材管理。
- 技术对象资源库，提供各种技术对象的适配器备用。
- 工业 APP 测试环境，提供工业 APP 快速测试功能。

该平台提供了超过 14000 种工业软件的 API 接口，提供了 9200 个机理模型、300 个算法模型（如图 4-13 所示）。

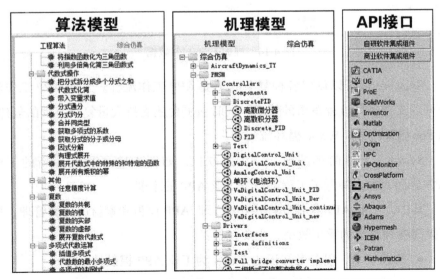

图 4-13　Sysware 模型与微服务组件（来源：索为系统提供）

根据业务方向目标，可以引入或创建新的工业 APP。工业 APP 建模环境可用于开发新的工业 APP，提供的工业 APP 开发的主要功能包括：

- 工业 APP 参数建模。
- 工业 APP 流程建模。
- 工业 APP 界面设计。
- 工业 APP 集成适配。

工业 APP 开发一方面需要建立业务流程，另一方面是建立工业 APP 的参数模型，如图 4-14 所示。Sysware 可以为工业 APP 开发创建不同类型和要求的参数模型。

参数名称	参数类型	数组化	值	单位	输入	输出	属性	分组名称
燃烧室外半径	实数		999		✓	✓		
爆破压强	实数		7.3799		✓	✓		
壳体实际壁厚	实数		4		✓	✓		
喷管喉部半径	实数		180		✓	✓		
小端半径	实数		900		✓	✓		
筒段长度	实数		4000		✓	✓		
焊缝系数	实数		0.92		✓	✓		
极限强度	实数		2000		✓	✓		
屈服强度	实数		1000		✓	✓		
弹性模量	实数		210000		✓	✓		
计算模型	整数		1		✓	✓		
强度模型	整数		0		✓	✓		

图 4-14　维护工业 APP 数据

Sysware 还可以创建各种复杂的工业 APP 工作流程。工业 APP 工作流程可以支持多种流程逻辑的管理。同时该平台还支持大量复杂流程的创建，如 For 循环流程、While 循环流程等。

Sysware 支持简单的拖、拉、拽方式，如图 4-15 所示创建新的工业 APP 界面，大大降低了工程师开发工业 APP 的难度。

其中，工业 APP 模板库提供各种工业 APP 模板和素材的分类管理，从而提高各种成果的重用效率，主要包括：

- 共性技术，以参考知识的方式，为工业 APP 提供技术库。
- 共性流程，以通用流程的方式，为工业 APP 创建提供素材。

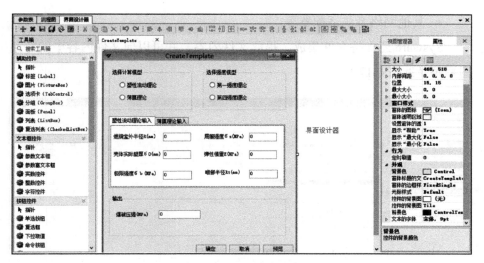

图 4-15　工业 APP 界面设计

- 共性数据，以常用数据的方式，为工业 APP 提供数据储备。
- 共性用户界面，以典型交互的方式，方便工业 APP 快速创建。

其中技术对象资源库是连接各种工业软件和硬件资源的关键模块，通过适配器与外部技术对象进行数据交互，所以资源库中一般提供了不同技术对象的适配器，如图 4-16 所示。主要包括：

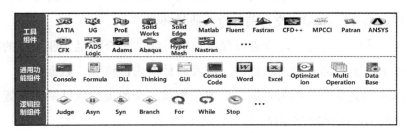

图 4-16　Sysware 集成适配器

- CAX 软件适配器。
- EPR 等软件系统适配器。
- 办公软件适配器。
- 数控设备适配器。

- 其他网络系统适配器等。

Sysware 还支持文件集成，提取文件内容，并可以向文件内容中的特征量赋值（见图 4-17）。

图 4-17　文件集成适配器

工业 APP 测试环境是开展快速调试的工业 APP 质量控制模块。工业 APP 测试是在工业 APP 交付前的重要质量环节。

测试环境应与建模环境进行深度集成，测试是否满足工业场景的功能应用需求。工程师在开发过程中，应及时针对内部流程、数据模型、外部接口和使用交互等各项内容进行全方位测试，全面提醒软件缺陷位置，并在一定范围内提供修改建议。

Sysware 已经在航空、航天、船舶、兵器、汽车和基础机械等众多行业进行广泛应用。经过大量实践证明，Sysware 可以快速、高效创建适合大量工业场景的工业 APP。

用户可以登录 http://www.indapps.com.cn 工业互联网平台，下载 Sysware 开发平台及用户手册，以及试用该平台。

工业 APP 交易环境

工业 APP 作为一种可复用的知识及服务，需要积累相当的数量才能满足各产品、各阶段不同的知识及服务需求，因此需要以工业互联网的模式构建工业 APP 生态。而工业 APP 交易环境是促进工业 APP 生态建设的动力。只有通过工业 APP 交易环境体现了知识工作的价值，才能驱动全社会的知识工作者产生挖掘和构建知识、实现知识价值体现的内生动力。通过知识价值体现，汇集工业领域内各专业领域的专家、工程师、工业人等工业技术知识的拥有者，工业 APP 的生态才能形成。

工业 APP 交易环境利用工业 APP 交易市场，构建开放、共享的工业 APP 流通体系，至少必须具有订单管理、过程执行状态跟踪、交易与支付、信用体系、交易与应用评价等功能。此外，还必须具有相应的交易配套制度、信用评价体系、知识产权保护制度及知识成果认定机制，才能保障 APP 交易活动的顺利运行。

1）建立交易基础规则。构建平台用户基本义务规则，包括交易、市场管理制度；建立交易评价、售后评价、评价处理规则；完善争议处理规则，保证交易有序进行。

2）完善信用评价体系。根据交易平台内历史交易记录、交易双方评价记录、投诉举报等多维度信息科学分析，构建用户信用评估体系，建立交易者信用等级。

3）加强知识成果认定。通过构建工业 APP 成果认定专家库，或引入专业的第三方成果认定机构，利用科学的评价方法和评价指标体系，促进工业 APP 作为知识成果的认定工作。

工业 APP 应用环境

由于要驱动建模引擎来完成在运行过程中的模型构建，因此，工业

APP 应用环境仍然同建模引擎密切相关。同样，也会受工业互联网平台在成为"工业操作系统"路上的成熟度影响，其在不同阶段具有不同的形态。

网络化、云端化的工业 APP 应用环境是工业 APP 查找、调用、监控的统一入口。用户可以方便地调用不同工业 APP 以快速完成产品设计、仿真、工艺、运维等方面的工作，并查看 APP 的执行过程、执行数据以及工业 APP 之间的相互调用关系。

1）工业 APP 执行调度引擎：根据工业 APP 之间的逻辑关系以及所依赖资源，由调度服务器根据软件、资源、软件许可等综合因素分配执行服务器进行解析、计算。

2）与工业互联网平台、高性能计算平台集成：所有工具软件部署在工业互联网平台，工业 APP 执行服务器可直接申请调用云端的软件资源；涉及高强度的仿真计算，需要工业 APP 执行服务器与高性能计算平台集成，实现高性能作业调度执行。

3）执行状态监控：提供工业 APP 执行管理器，可以查看工业 APP 的执行日志及状态信息，并对执行中的工业 APP 进行终止、重启、暂停等操作。

4）工业 APP 应用环境用于支持工业 APP 不同的应用模式：单元重用、组合重用、工业互联网应用、智能应用四种应用模式。

在当前情况下，由于一般的工业互联网平台还不足以成为成熟的工业操作系统，大多数工业 APP 应用环境与 APP 开发环境是一致的。一方面是因为工业 APP 组合重用时本身就需要首先建立组合 APP，这离不开工业 APP 开发环境；另一方面，由于当前的工业互联网平台不能提供完善的建模引擎，工业 APP 驱动建模引擎（主要由工业软件提供）还需要与开发环境具有相同工业软件组件的运行环境。

未来，当工业互联网平台可以提供工业 APP 通用建模引擎后，工业互联网平台真正发展成为工业操作系统，那么，工业 APP 的开发环境与工业 APP 的运行环境可以相互独立。此时，工业 APP 才能真正实现跨平台应用。

工业 APP 培育策略与建议

培育工业 APP 即通过工业技术软件化手段，借助互联网汇聚应用开发者、软件开发商、服务集成商和平台运营商等各方资源，提升用户黏性，打造资源富集、多方参与、合作共赢、协同演进的工业互联网应用生态。"工业互联网平台 + 工业 APP"的社会化知识分享生态建设是推动工业互联网持续健康发展的重要路径。

技术支撑，夯实工业 APP 发展基础

一是建设工业 APP 标准体系。加快研制工业 APP 接口、协议、数据、质量、安全等重点标准，推动行业建立共识，引导和规范工业 APP 培育。二是建设通用的工业 APP 开发环境。整合主流工业系统和平台的各种 API，开发适用于多种框架、语言、运行环境的开发环境插件，从而保证开发人员快速、便捷地实现功能。三是推动开发工具的开发和共享。提供强化的实现功能，包括对运行环境进行仿真的开发沙盘、资源管理工具等。四是加快建设工业知识库。推动制造业工业知识关键技术研发，鼓励大型企业围绕产品设计、制造、服务等生产周期，以及工业数据采集、传输、

处理、分析等数据周期提炼专业工业知识，进行软件化、模块化，并封装成可重复使用的标准模块。五是建立工业APP测评认证体系。围绕协议异构、数据互通、应用移植、功能安全、可靠性等测试需求，建设工业APP测试平台，提供在线测试认证等服务。

生态引领，优化工业APP发展环境

一是发挥联盟纽带作用，有效整合政、产、学、研、用、金各方资源，建立政府、企业、联盟协同工作体系和工业APP发展咨询评估服务体系，开展各项产业化工作，推动我国工业APP产业发展。二是建立工业APP交易配套制度、信用评价体系、知识产权保护制度及知识成果认定机制，保障APP交易生态的顺利运行，支持"众包""众创"等创新创业模式参与工业APP研发，形成工业APP开发、流通、应用的新型网络生态系统。三是构建开源的开发者社区，形成创新生态。打造完整的开发环境及社区，通过向开发者提供丰富的API、开发模板、开发工具、微服务等多种方式，吸引并鼓励开发者进行应用开发及技术经验交流共享。四是拓宽校企、院企等人才培养合作渠道，建立复合型人才培养基地，建设国家级高水平工业APP规划、开发、评测的专家团队，提升产业人才供给能力。五是广泛吸引社会资本以成立产业投资基金，探索引导和组织国内产业链上下游企业以资本为纽带，集中力量共同开发和推广工业APP，构建产业生态体系。六是举办工业APP开发者大赛，甄选并落地一批工业APP优秀解决方案，挖掘并培育一批富有活力的工业APP设计开发人才队伍，筛选并扶持一批具备潜力的工业APP创新型企业，营造有利于工业APP培育的环境，推动工业互联网平台应用生态建设。

工业APP培育三级策略

工业APP的培育需要从理论建设、技术基础建设以及具体的推进三个层面开展工作。

（1）加强工业 APP 理论建设

加强工业 APP 理论基础建设，可从以下 7 个方面开展工作：

1）明确工业 APP 的定义、本质、内涵、特征。

2）完成工业模型类型研究。

3）完善工业 APP 分类体系，包括从本质分类、通过外部属性分类等，可以按照不同的层级、行业维度属性、生命周期属性（研发设计 - 制造 - 运维）、"基 - 通 - 专"应用范围属性等分类 APP。

4）明确工业 APP 的典型特征。辨别工业 APP 与其他易混淆概念之间的联系与区别。

5）完善工业 APP 体系架构。

6）定义工业技术软件化与工业 APP 生命周期流程。

7）研究科学的工业 APP 推进与培育策略。

（2）完善技术基础建设

1）加强工业互联网平台建设，尤其是工业互联网平台的建模引擎与建模环境，尽早实现工业互联网平台的建模能力，使工业互联网平台成为工业操作系统。

2）建设 APP 封装环境与运行环境。

3）建立工业互联网平台资源中心，发挥政策、产业龙头、高校、企业、科研机构以及金融机构的资源优势，鼓励社会化的知识工作者，共同构建平台资源中心。

4）加强工业 APP 保护与促进措施建设，包括基于建模引擎的模型分级保护、知识黑盒封装、有偿使用机制以及相关鼓励措施等。

（3）分四类开展工业 APP 培育推进工作

对于具体的推进工业 APP 培育，需要明确其中不同利益相关方以及他们各自的诉求。可以按照四大类型来完成工业 APP 培育推进工作。

国务院与工信部作为顶层的指导部门，统筹规划，统一指挥。在此前提下，从地方政府、大型企业集团、特定行业、企业突破以及联盟推进等方面开展相关推进工作。

1）地方政府需要按照国务院及相关部门的统一部署，加强地区工业APP建设工作，建议：

- 按照地区的特色经济，确定主要发展目标，确保安排主要力量，重点发展。
- 制定相关激励和扶持政策，充分调动地方产学研用的相关资源，参与工业APP建设工作。
- 鼓励地方大型企业带动周边中小企业，开展面向产业链的工业APP建设。
- 鼓励优势产业集群地区，联合开展行业通用工业APP体系建设。

2）大型企业集团需要充分发挥自身在产业发展中的优势，起到工业APP建设的领军作用，建议：

- 做好集团内部工业APP体系规划，在集团优势行业重点建设工业APP，提升自身的核心竞争力。
- 建立集团工业技术软件化平台，形成工业APP共享、应用的网络化平台环境。
- 鼓励成员单位上云，加强以工业APP带动相互之间的业务协同。
- 充分发挥自身在产业链中的中枢作用，带动上下游中小企业构建相互协调发展的工业APP体系。

3）对于行业龙头企业而言，需要充分认识工业APP的发展趋势和未来价值，深耕领域工业APP建设。建议：

- 由龙头企业牵头，联合产业链上下游企业完成专业领域工业APP体系规划。
- 深耕本专业领域工业APP建设，尤其龙头企业带头进行技术溢出，以APP形式分享领域知识，形成完整的工业APP利益链。
- 构建行业工业APP开发、评测和运行相关体系环境。

4）对于一般企业和中小企业。由于缺乏相应的技术积累和研发经费支持，所以更适合从以下方面开展工作：

- 充分利用开放的工业互联网平台，无须自行搭建和维护，即可快速开展工业技术软件化工作。
- 加强自身在某个细分领域的工业技术软件化工作，对优势工业 APP 做强、做深。
- 建立工业 APP 开发、应用相关制度，将工业 APP 纳入企业相关规划、计划、考核和技术体系中。
- 加强对工业技术软件化的理解，加强工业 APP 人才培养。

第五章

工业 APP 开启中国数字工业新时代

工业母机、工业软件、工业技术知识是现代工业的三大支柱,其中工业技术知识提供了工业母机和工业软件的基础,无论工业软件还是工业母机,都是大量工业技术知识的集合体。如图 5-1 所示。

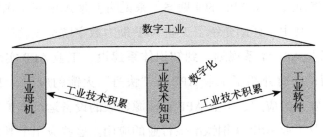

图 5-1　工业技术知识数字化是数字工业的基石

工业技术知识才是现代工业的核心要素,工业母机可卖,工业软件可卖,工业技术知识不卖!

现代工业要全面步入数字工业时代,必须以作为数字工业基础的工业技术知识数字化为前提。工业 APP 的出现解决了工业技术知识数字化和软件化这一基本问题。

从 1948 年开始工业设备(工业母机)逐渐开始数字化并得到快速发展,从 20 世纪 60 年代到现在,工业软件已经得到体系化发展,工业母机、工业软件先后走上数字化道路,并且随着信息技术的发展飞速进步。但是作为现代工业三大基石之一的工业技术知识,由于其大多植根于人们的头脑之中,隐于无形,而一直难以数字化。

工业技术知识成为现代工业全面跨入数字工业的拦路虎。这就要求我们加快工业技术知识数字化,以支撑我们的数字工业。工业 APP 正好是解决这一问题的手段——通过把工业技术知识数字化和软件化,形成 APP,解决了数字工业三大基础同时实现数字化的问题,从而推动现代工业进入数字工业时代。

在工程实践中,已经有越来越多的企业将工业技术软件化与工业 APP 广泛应用于工业技术体系规划、产品的研发设计、工艺/制造以及产品运行维护，利用工业APP促进本企业的数字化转型，快速步入数字工业时代。

接下来将通过工业APP的实践案例来说明工业APP对中国数字工业的推动与发展。其中，详细介绍了工业APP助力数字航空发动机研发，包括从顶层的工业APP体系规划，到知识体系建设、工业APP实现以及应用效果等方面；同时介绍了工业APP在"快舟"火箭的应用、工业APP在工艺工装开发上的应用、工业APP在能源领域的设备运行维护与保障环节的应用，以及工业APP在钢铁冶金行业的应用。这些应用中既包括过程驱动型工业APP，也包括数据驱动型工业APP，涵盖离散行业，也包括流程行业。这些工业APP的应用促进了产品在研发、设计、制造与运维等环节的效率、运行质量的提升，通过对研发设计、制造与运维环节的工业技术知识的积累、沉淀与数字化（软件化），开启了工业APP促进中国数字工业的实践。

工业 APP 开启航空发动机数字化研发新模式

航空发动机素有"工业王冠上的明珠"之称，可以说航空发动机是当今世界最尖端的技术之一，是逼近技术极限的一门艺术，是国家科学技术的结晶，体现了一个国家的科技水平。

航空发动机是高度复杂的精密动力机械装置，有数以万计的零部件，它们组合在一个尺寸和重量都受到严格限制的机体内，在高温、高压、高转速、高载荷下高可靠性地长期工作。同时，航空发动机还需要满足性能、适用性和环境等多方面的特殊要求。

航空发动机还涉及流体力学、气动力学、热力学、结构力学、材料力学、调节原理、自动控制、新材料、新工艺等多个学科的最新知识与技术。

航空发动机的研制需要围绕设计、材料、工艺、科学试验与经验积累、人才培养与机制保障等多方面因素，全方位开展几十年的积累。航空发动机在很大程度上依赖经验积累，通过大量的、反复的试验才能确定各种性能，通过试验试车完成零部件间的匹配、整机协调。国外经过了 80 多年的发展，我国航空发动机白手起家，与国外发动机存在代差，尤其在民用航空发动机上差距更大。

利用工业APP沉淀航空发动机在设计、材料研究、工艺、科学试验与经验积累、人才培养方面的经验、知识与各种工业技术要素，可以快速缩短与发达国家的差距，助力航空发动机的研发。

应用背景与概况

为满足一个覆盖多专业的新团队开发商用航空发动机这种复杂系统的需求，在初步建成的基于文档的流程体系基础上，采用集成研发平台将商用航空发动机研发流程升级为数字化流程体系，并基于数字化流程体系对型号研发过程进行管控，从而提高流程的准确性、实用性和灵活性，推进系统工程方法的落实。从2014年开始基于Sysware框架，按照商用航空发动机设计体系整体规划分步实施的方针，构建商用航空发动机集成研发平台。

基于集成研发平台构建发动机的研制体系，将研制流程、研制方法与知识固化，形成工业APP，实现研制过程可控、可追溯，研制方法与知识可以重用。

在其他已经实施和未来预计进行建设应用的工具包集成系统基础上，针对商用航空发动机设计体系建设需求进行发动机设计系统集成平台的建设，结合商用航空发动机设计体系流程定义和优化工作的成果，实现对发动机研制过程的任务流程管理、工具管理、数据管理和相关联的工程设计数据库建设，并与ACAE项目管理系统、各类数字化产品定义工具、产品数据管理系统、高性能计算环境、仿真设计和管理平台、基础数据库、试验数据库和知识管理系统整合形成商用航空发动机的集成设计环境。

工业APP助力数字航空发动机研发

商用航空发动机研制需要大量工程软件（CAD、CAE）及自研工程软件（软件总数超过 60 个），而整个航空发动机设计过程需要大量的设置规则规范、操作方法、知识、经验及特定格式的数据传递关系，需要将零散地存在于各专业设计人员手中（PC 或大脑中）的各种知识、经验形成相应的具体规范及可执行的标准工程模板，以保证：

1）不同的工程技术人员使用相同的工程软件可得到基本一致的设计结果。

2）积累各种专业知识和经验，充分发挥软件的价值，降低知识风险。

3）实现航空发动机多专业协同设计。

4）明确各级模型之间的关系，实现综合系统性能的提高和优化。

5）保障各专业软件之间数据的高效交互，实现多学科的协同优化。

工业技术软件化理念以及工业 APP 非常适合解决上述问题。采用这种理念，可以将商用航空发动机设计的流程、方法、数据、工具软件及各种应用系统进行有效管理和集成，开发商用航空发动机总体、流道、结构、控制系统、机械系统、外部与短舱系统专业工具包，以支持发动机总体、各部件及系统设计，并最终实现发动机设计全流程的贯通，从而实现商用发动机的一体化设计。

航空发动机的研发有一套非常复杂的流程，下文基于项目管理和系统工程相关思想方法完成了宏观研发流程、专业流程梳理，并根据航空发动机专业分工进行了发动机研发 APP 体系规划，围绕研发流程，开展了专业知识、数据梳理，形成了完整的知识特征化定义，使用 Sysware 平台的工业 APP 开发环境，结合 Sysware 集成研发环境，全面开展了工业 APP 在航空发动机研发各专业的应用。

1. 数字化航空发动机研发流程梳理

航空发动机研发遵循系统工程的思想与方法，基于系统工程方法与流程，并在项目背景下开展数字化航空发动机宏观研发业务流程梳理，以及各专业流程梳理。图 5-2 展示了航空发动机总体研发流程的示意。在实际的研发流程中，将基于发动机研制阶段，分阶段按照系统工程方法进行梳理。

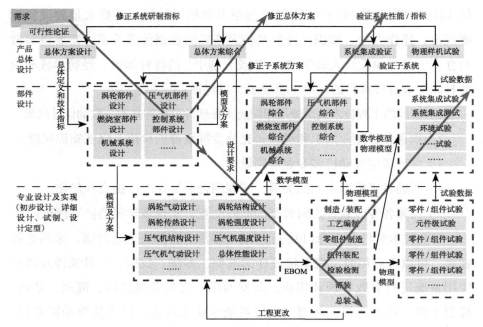

图 5-2 发动机总体研发流程（示意）

基于宏观的研发流程、发动机产品特点以及专业分工，就可以开展发动机研发领域的工业 APP 规划了。

2. 数字化发动机研发 APP 体系规划

基于航空发动机研发流程，以及如图 5-3 所示的发动机研发专业分工，从顶层完成了如图 5-4 所示的数字化发动机研发 APP 的体系规划。

在发动机研发工业 APP 体系中，根据专业分工，规划了发动机总体设计 APP 集、流道设计 APP 集、结构强度设计 APP 集、机械系统设计 APP 集、控制系统设计 APP 集等。在每一个 APP 集中，根据专业细分各自规划了多个工业 APP 子集，如发动机总体设计 APP 集中，规划了总体性能设计 APP 子集、飞发一体化设计 APP 子集、稳态性能设计 APP 子集、非设计点性能计算 APP 子集、发动机六性设计 APP 子集等。

商用航空发动机按照整体规划、聚类实施的原则，将发动机专业设计系统及相应的工程模块在 Sysware 集成研发平台上进行集成和封装。

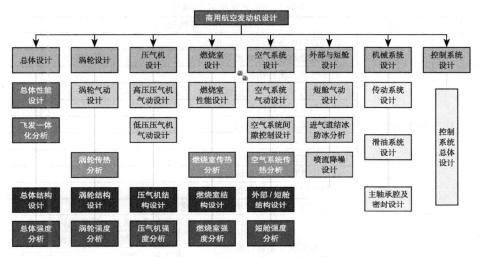

图 5-3 基于发动机专业划分示例

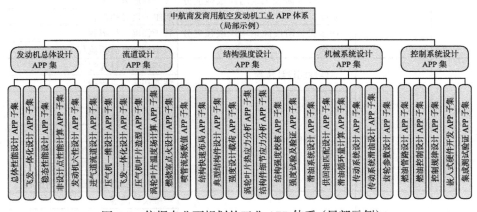

图 5-4 依据专业而规划的工业 APP 体系（局部示例）

在完成工业 APP 体系规划后，以专业流程为依托，开展了围绕专业研发流程的知识梳理。

3. 数字化发动机研发知识梳理

在专业设计系统体系规划指导下，以专业设计流程为主线，梳理出设计过程中所需的设计活动以及实现活动的设计工具和方法。表 5-1 给出了按照专业定义的细化流程。

表 5-1 按专业定义的流程

序号	专业	子流程	
1	总体设计	发动机循环参数选取与分析流程	
		发动机稳态性能计算流程	
		总体性能方案评估流程	
		转子动力学设计和分析流程	
		载荷和变形分析流程	
		总体性能方案计算流程	
		气动稳定性分析流程	
		非稳态性能计算流程	
		核心机总体性能方案设计流程	
		冷热态尺寸链计算分析流程	
		整机质量、质心、转动惯量计算流程	
2	压气机设计	风扇增压级气动设计流程	风扇增压级热力计算流程
			一维气动方案设计计算流程
			S2 通流设计与叶片造型设计流程
			全三维黏性流场分析计算流程
		概念设计阶段风扇增压级强度分析流程	转子强度分析流程
			机匣强度分析流程
		初步设计阶段风扇增压级强度分析流程	转子强度分析流程
			风扇轴强度分析流程
3	燃烧室设计	总体性能设计流程	初步流道设计流程
			性能初步估算流程
		头部设计流程	头部布局设计流程
			油气分配设计流程
			预燃级配气及喷嘴设计流程
			预燃级旋流器数值模拟分析流程
			主燃级配气及喷嘴设计流程
			主燃级旋流器数值模拟分析流程
4	涡轮设计	气动设计流程	一维设计流程
			S2 流面设计流程
			平面叶栅造型流程
			S1 流面计算流程
			叶型积叠流程
			S2 流面正问题计算流程
			过渡段流道设计流程
			过渡段支板叶型设计流程
			全三维黏性流场计算分析流程
			涡轮特性计算流程
		概念设计阶段涡轮强度分析流程	动叶静强度分析流程
			动叶持久强度评估流程
			导叶静强度分析流程
			导叶持久强度评估流程

（续）

序号	专业	子流程	
4	涡轮设计	概念设计阶段涡轮强度分析流程	转子静强度分析流程
			转子动强度分析流程
			转子破裂转速分析流程
			涡轮轴强度分析流程
		初步设计阶段涡轮动叶强度分析流程	动叶静强度分析流程
			动叶持久强度分析流程
			动叶振动分析流程
			动叶颤振分析流程
5	空气系统设计	空气系统流路设计流程	
		零部件传热分析流程	
		转子动力学设计和分析流程	
		载荷和变形分析流程	
		空气系统设计点设计分析流程	
		空气系统典型状态点分析流程	
		核心舱通风冷却设计点设计流程	
		核心舱通风冷却典型状态点设计分析流程	
		主动间隙控制流路设计点设计流程	
		主动间隙控制流路典型状态点设计分析流程	
		被动间隙控制流路设计点设计流程	
		被动间隙控制流路典型状态点设计分析流程	
6	控制系统设计	点火系统设计流程	功能危害性分析流程
			可靠性设计流程
		起动系统设计流程	功能危害性分析流程
			可靠性设计流程
		健康管理系统设计流程	功能危害性分析流程
			可靠性设计流程
		燃油控制系统设计流程	功能危害性分析流程
			可靠性设计流程
7	机械系统设计	滑油系统设计流程	通风器初步方案设计流程
			通风子系统压力、流量分析流程
			滑油循环量计算流程
			滑油系统热平衡分析流程
			供油子系统压力、流量分析流程
			供回油匹配计算流程
			回油子系统压力、流量分析流程
		传动系统设计流程	中央传动弧齿锥齿轮参数设计流程
			中央传动弧齿锥齿轮强度校核流程
			径向传动杆结构设计流程
			径向传动杆静强度校核流程
			传动杆临界转速计算流程
			直齿圆柱齿轮强度校核流程

根据专业流程梳理结果，对专业流程建模，如图 5-5 所示，从涡轮气动设计要求和约束条件开始，完成涡轮级一维方案设计、S2 反问题、叶型设计、三维设计、流面计算、流面正问题计算，到涡轮气动方案设计、空气系统布置、温度场协调分析、结构方案与强度分析等流程活动，通过设计评审最后完成涡轮机构设计方案。通过 APP 开发环境中的流程建模，完成专业流程建模工作。

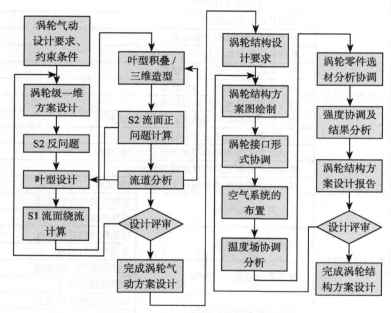

图 5-5　专业设计流程模型示意

接下来基于专业设计流程，完成各专业数据模型及数据子模型梳理。表 5-2 展示了发动机研发不同专业的局部数据模型集。

在基于专业设计流程梳理数据模型的同时，需要根据不同的专业设计流程，定义发动机专业设计知识集。航空发动机设计过程中涉及的专业流程非常复杂，需要从多个维度进行梳理。表 5-3 展示了发动机研发不同专业的局部数据模型集。

表 5-2　数据模型局部（示意）

序号	数据模型	数据子模型	序号	专业	数据名称	数据类型
1	总体设计数据模型	发动机循环参数选取与分析数据模型	1	总体设计专业	整机静力学有限元模型	.db（ansys 模型文件）
		发动机稳态性能计算数据模型			转子动力学分析有限元模型	.sfield（SAMCEF 模型文件）
		总体性能方案评估数据模型			整机三维模型	UG
		转子动力学设计和分析数据模型			概念设计阶段模型	文本
		载荷和变形分析数据模型			方案参数	文本
		总体性能方案计算数据模型	2	压气机设计专业	一维设计输入输出	文本
		气动稳定性分析数据模型			S2 通流设计与叶片造型设计	文本
		非稳态性能计算数据模型			全三维黏性流场数值模拟	.trb/.igg/.iec
		核心机总体性能方案设计数据模型			S2 设计输入输出文件	文本
		冷热态尺寸链计算和分析数据模型			叶片造型输入输出文件	.trb/ig.liec
		整机质量、质心、转动惯量计算数据模型			三维分析	
		转子动力学设计和分析数据模型			强度分析	
		载荷和变形分析数据模型			有限元模型	
2	压气机设计数据模型	风扇增压级气动设计数据模型		高压压气机		
		风扇增压级方案热力计算数据模型	3	燃烧室设计专业	燃烧室流道图	
		一维气动方案设计与叶片造型设计计算数据模型			连接件静强度预估	
		S2 通流设计与叶片造型设计计算数据模型			总体结构限制尺寸	文件
		全三维黏性流场分析计算数据模型			头部限制尺寸	
		概念设计阶段风扇增压级强度分析数据模型			头部布局草图	
		机匣强度分析数据模型			火焰筒几何参数	
		转子强度分析数据模型			燃烧室头部冷却气量分配	
		初步设计阶段风扇增压级强度轴流分析数据模型				

(续)

序号	数据模型	数据子模型		序号	专业	数据名称	数据类型
3	燃烧室设计数据模型	总体性能设计数据模型	初步流道设计数据模型	3	燃烧室设计专业	UG模型	
			性能初步估算数据模型			燃烧室打样图	
		头部设计数据模型	头部布局设计数据模型			一维设计输入输出文件	
			油气分配设计数据模型			S2 反问题设计文件	
			预燃级配气及喷嘴数值模拟分析数据模型	4	涡轮设计专业	叶片造型文件	
			预燃级旋流器数值模拟分析数据模型			S2 正问题计算	
			主燃级配气及喷嘴设计数据模型			全三维黏性流场计算	
			主燃级旋流器数值模拟分析数据模型			设计输出模型	
			一维设计数据模型			有限元模型	
		气动设计数据模型	S2 流面设计数据模型	5	空气系统设计专业	Ansys 计算结果文件	.rth/.db/.wbpj
			平面叶栅造型数据模型			系统需求分析	
			S1 流面计算数据模型	6	控制系统设计专业	系统方案设计	
			叶型积叠数据模型			系统安全性设计	
			S2 流面正问题设计数据模型			校核文件	
4	涡轮设计数据模型		过渡段流道设计数据模型	7		模型仿真	
			全三维黏性流场计算分析数据模型			轴承腔二维方案图	
			涡轮特性计算数据模型			轴承腔三维模型	

表 5-3 按照专业梳理与定义的知识集

序号	知识集分类	知识集子分类	
1	总体设计知识集	发动机循环参数选取与分析知识集	
		发动机稳态性能计算知识集	
		总体性能方案评估知识集	
		转子动力学设计和分析知识集	
		载荷和变形分析知识集	
		总体性能方案计算知识集	
		气动稳定性分析知识集	
		非稳态性能计算知识集	
		核心机总体性能方案设计知识集	
		冷热态尺寸链计算分析知识集	
		整机质量、质心、转动惯量计算知识集	
		转子动力学设计和分析知识集	
		载荷和变形分析知识集	
2	压气机设计知识集	风扇增压级气动设计知识集	风扇增压级热力计算知识集
			一维气动方案设计计算知识集
			S2 通流设计与叶片造型设计知识集
			全三维黏性流场分析计算知识集
		概念设计阶段风扇增压级强度分析知识集	转子强度分析知识集
			机匣强度分析知识集
		初步设计阶段风扇增压级强度分析知识集	转子强度分析知识集
			风扇轴强度分析知识集
3	燃烧室设计知识集	总体性能设计知识集	初步流道设计知识集
			性能初步估算知识集
		头部设计知识集	头部布局设计知识集
			油气分配设计知识集
			预燃级配气及喷嘴设计知识集

基于流程的专业知识梳理包括发动机设计的基本原理、设计流程中的工具、方法、自研程序、经验公式、算法等知识要素。

在知识特征化定义过程中，除了梳理基于专业流程的知识以外，还需要根据开发的工业 APP 对象与目标，抽取每一个开发流程所对应的各项特征要素，完成工业 APP 封装的各项准备工作。

4. 工业 APP 封装实现

集成开发环境把航空发动机设计过程中的工具、方法、自研程序等结合产品研制流程进行有效的集成和封装，如图 5-6 所示完成专业设计流程建模后，进行如图 5-7a～d 所示总体参数设计、一维气动设计、S2 设计的 APP 封装实现，并将 APP 封装结果进行如图 5-8 所示的组合应用，形成一系列标准化的、可重用的工程模块，在此基础上构建面向产品的专业设计系统。

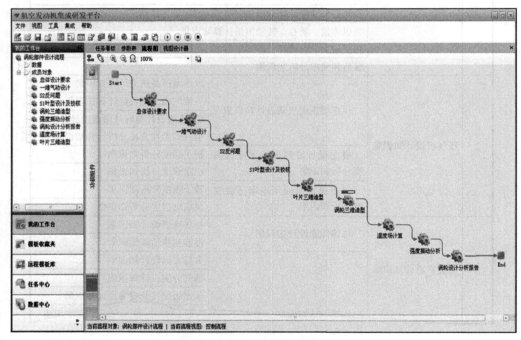

图 5-6 专业设计流程建模（示例）

发动机专业应用模块以评审归档的工作指导书为依据，基于 SYSWARE.IDE 进行模块的封装，封装过程中严格按照《SYSWARE.IDE 模板封装规范》，定义活动与模块之间的数据接口关系、定义模块内部的数据接口关系、定义模块执行的交互界面等，形成系列化的知识组件。

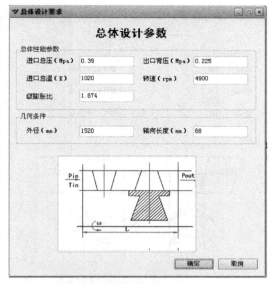

a) 总体设计参数 APP

b) 一维气动设计 APP

图 5-7 工业 APP 封装

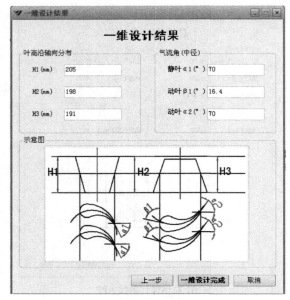

c) 一维设计结果

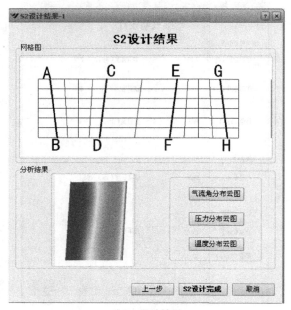

d) S2 设计结果

图 5-7 （续）

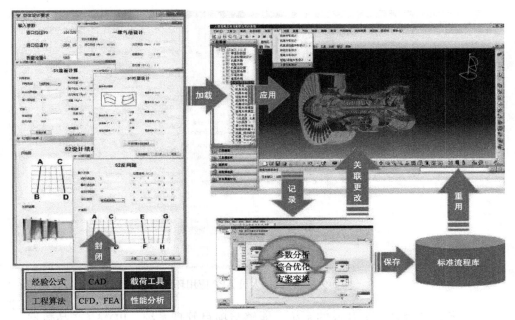

图 5-8 多知识组件（工业 APP）组合应用示例

所有的专业应用模块在进行单元功能测试后，再在研制流程中进行集成测试，并应用实际的工程型号数据进行反复验证，审核通过后归档用于实现产品研发。

在航空发动机产品研发过程中，根据总体策划的产品构成和研制阶段进行专业划分，专业负责人调用流程来分配相关工作，专业设计师按照流程推荐的专业应用模块开展设计工作，并将设计的数据提交审核。

5. 结合集成研发平台的工业 APP 应用

专业应用系统是面向工程设计人员，并结合专业业务过程的个人工作桌面系统，如图 5-9 所示，在工程设计人员 APP 应用环境中可以查看与本人相关的任务、数据、应用工具手段以及知识资源等。

平台工程门户为基于角色配置的设计人员提供统一的工作台面，在统一的界面中实现发动机设计人员与管理人员进行任务接受/提交、工具使用、数据管理、资源应用、协作沟通等工作。

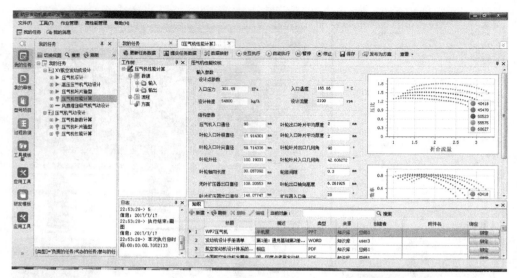

图 5-9 工程设计人员 APP 应用环境

集成平台是一个开放的系统,能够与项目管理系统、PDM(产品数据管理)系统、高性能计算、知识资源管理系统等已有的应用系统集成,整合成完整的设计体系,如图 5-10 所示。

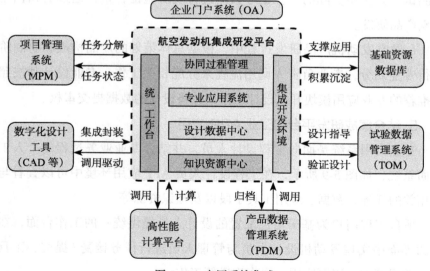

图 5-10 应用系统集成

6. 数字航空发动机工业 APP 建设成果

截至 2017 年年底，数字航空发动机的工业 APP 建设成效卓著，根据统计，目前已经建设超过 600 个工业 APP（工业知识组件），根据专业统计情况如下：

- 总体设计：56 个
- 流道设计：252 个
- 外部短舱：57 个
- 结构强度：173 个
- 机械设计：68 个
- 控制系统：12 个

工业 APP 在数字航空发动机研发领域的应用效果

采用工业技术软件化理念以及工业 APP，将商用航空发动机设计的流程、方法、数据、工具软件及各种应用系统进行整合，开发发动机总体、流道、结构、控制系统、机械系统、外部与短舱系统工业 APP，通过总体、各部件及系统设计，最终实现发动机设计全流程的贯通，从而实现商用航空发动机的一体化设计。

1）能够为发动机设计过程建立统一的任务单元模型，将任务管理与流程管理融合为一体，实现总体、部件及系统等各专业间流程的贯通，保证项目状态和进度的有效控制，实现多专业与人员之间的有效协同。

2）提供面向航空发动机的集成设计开发环境，实现航空发动机设计过程中流程、工具、方法及相应设计知识等的有效集成和封装，形成一系列标准化的、可重用的工程模块、模型，为进一步构建面向产品（或部件和系统）的多模型耦合、多学科优化提供支撑。

3）建立统一的发动机工程过程数据管理体系，能够实现各个设计阶段和设计迭代过程的数据可追溯性，能够显示从发动机总体到各个部件、各子系统及零组件级等所有层级的迭代过程。

4）实现发动机设计系统集成平台与项目管理系统、产品数据管理系统、高性能计算平台、材料数据库、试验数据库和知识管理系统等系统的有效整合，形成完整的商用航空发动机研发体系。

通过发动机设计系统集成平台建设，可实现对发动机设计流程的有效管理和控制，产生以下积极的效果。

第一，建立项目流程一体化、分工明确、协作有序的发动机研制项目管理系统，以项目任务为主线，将发动机设计过程中所涉及的管理人员、工程人员，以及部门、专业、工具、数据等关键对象有效地集成并系统地管理起来，从而实现人员之间、专业之间以及业务之间的协同。

第二，逐级细化、协同编制的 WBS 分解策略适应新机研制过程循序渐进、不断完善的特点，从而可以有效地进行进度控制管理，防止计划与控制管理之间的脱节，防范研制过程中出现的任务不明确、计划编制不合理等各种问题，保证发动机设计项目按时完成。

第三，项目管理与流程管理的紧密集成，既克服了发动机设计过程中传统项目管理无法描述反馈、循环等复杂逻辑，项目监控实时性不足以及项目任务内部运行机制不可控等缺点，又克服了流程管理中缺乏对任务工期优化、成本控制及多工作流系统之间相互协调等方面的不足，从而为发动机设计带来管理理念的逐步提升、管理方法的逐步改善，提高了发动机设计整体的工程与管理水平。

第四，明确数据流向的任务数据定义及管理机制，可以有效解决发动机设计过程中各种数据处于分散无控状态、数据之间缺乏逻辑关系、大量数据需要人工转换、任务之间数据难以协调等问题。通过对数据的分类、集成、存储和管理，并进一步实现各类任务数据之间的关联，可有力保证数据同步和协调，并很好地解决了数据同源问题，使得数据完整性、数据唯一性的维护难度大大降低。同时，系统中的数据管理机制既保存了结果数据，也保存了获得该数据的过程和方法，从而保证了数据与过程的可重复性、可追溯性,非常适应发动机设计过程中对数据的要求,使得发动机设计过程中的所有数据都是可以追溯的,有利于问题的及时发现和改正。

第五,通过搭建发动机集成设计平台,实现对总体设计过程的有效管理和控制;通过集成化、模块化设计,减少总体设计过程中的人工重复劳动,实现总体方案的快速设计,提高工作效率;通过多方案对比和多学科优化,提高设计方案的质量;为发动机的设计奠定坚实的数字化支撑环境,缩短发动机的研制周期。例如,涡轮传热设计的人工处理时间由 3 天缩短为 1 小时,效率提升 24 倍;高压涡轮动叶强度分析的人工处理时间由 2 天缩短为 15 分钟,效率提升 64 倍。

工业 APP 助力数字"快舟"腾飞

应用背景与概况

中国航天科工集团第九总体设计部（以下简称"九部"）现隶属于中国航天科工集团第四研究院，是一个集机械、电子、光学、力学、控制工程、计算机及应用等多学科于一体的综合性研究单位，主要从事航天产品总体及分系统的开发和研制。

九部多年来一直承担着国家重点型号研制任务，现在也是商业航天领域的先行者。研发的快舟运载火箭是我国第一型采用固体动力、不依托固定塔架发射的运载火箭，填补了国内固体运载火箭领域的空白，实现了小卫星的快速、机动、灵活发射。目前已成功完成 5 次商业发射，2013 年、2014 年快舟运载火箭成功将卫星准确送入预定轨道，创造了我国航天发射和航天应用最快纪录，标志着我国运载火箭具备了空间快速响应发射能力。2017 年快舟一号甲成功完成"一箭三星"发射，实现了 8 个月服务履约的"快舟"速度，取得了重大的社会和经济效益。

发动机是运载火箭的心脏，也是商业航天的核心，运载火箭的研制首要解决的是动力问题。快舟固体火箭发动机主要由点火、壳体、绝热、装药、喷管等 5 部分组成，它的工作过程是，头部点火装置点燃发动机主装药，在燃烧室内产生 3000 度以上的高温燃气，压力可达 100 个大气压，高温燃气经尾部喷管超声速喷出后产生上百吨推力。发动机的工作过程决定了它的设计是一个多学科的耦合过程，包含了燃烧、流场、传热、力学等。因此我们将固体发动机的总体论证总结为"三高"，一是复杂度高，二是耦合度高，三是可靠性要求高。

发动机设计参数多、论证过程复杂，传统的论证模式需要总体及分系统专业人员全部参加，经过多次迭代才能达到性能最优，不满足现在高质量、短周期的论证需求，其中的问题主要表现为：一是流程缺乏统一管理，对人的依赖程度比较高，人为疏忽难以避免，有时也很难发现；二是知识重用率低，没有充分利用成熟发动机的成果；三是系统之间接口不标准，不便于迭代优化，无法满足发动机个性化需求。面对当前研制任务繁重、人力资源紧张及人员年轻化的现状，急需规范设计流程，解放人力资源，实现经验传承。

工业 APP 在快舟火箭开发中的应用

在快舟火箭发动机的研发过程中，针对固体火箭发动机"三高"的复杂论证过程，通过引入工业 APP 理念，可用工业技术软件化思路提升固体火箭发动机数字化论证效率，保证论证方案的可靠性、安全性并确保设计一次成功。

九部于 2013 年启动数字化发动机建设，2015 年完成 APP 搭建，2016 年试用，2017 年、2018 年快舟两次成功发射，应用该 APP 设计的发动机表现堪称完美。通过 APP 固体火箭发动机数字化论证实现了"三化"：一是设计流程固定化，二是工程经验知识化，三是数据接口统一化。

具体做法有三点：一是规范设计流程，统一数据管理；二是将隐性的工程经验封装到 APP 中，形成显性的知识库，可以继承前人经验并加以优化；三是规范数据接口，自动迭代优化。将一次迭代周期从 5 人 7 天缩短成 1 人 2 天，工作量从 35 人天减少到 2 人天，效率提升 14 倍。

固体火箭发动机总体论证过程严谨，设计流程复杂，涉及的专业技术很多，发动机总体论证过程包含总体技术要求接收与分解、发动机关键参数查找与计算、发动机及其部件的三维设计、发动机内弹道计算、发动机方案优化设计、结果汇总与指标下发（见图 5-11）。

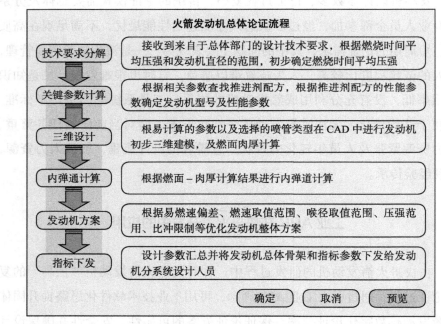

图 5-11　固体火箭发动机总体论证流程（来源：航天四院九部提供）

1. 总体技术要求接收与分解

发动机设计部门首先会接收到来自于总体部门的设计技术要求，这些技术要求包括了发动机的直径、总长、总重、质量比、装药量等技术指标。

接收到技术要求后，设计人员会根据燃烧时间平均压强和发动机直径的范围，查找指标相近的发动机历史型号，根据查找的历史型号，初定一个燃烧时间平均压强作为后面的参考，在参数确定过程中会参考发动机的设计准则和标准规范。

以上过程主要涉及发动机历史方案信息的查询，但是发动机历史型号大部分都散落在各个设计师的电脑中，甚至某些久远的历史型号还以纸质的形式存放，需要耗费很大的精力和时间去查找可参考的型号数据；同样的，发动机设计准则和标准规范也散落在各个地方，无法进行精确的查找和定位，这会极大地影响总体技术要求接收与分解的效率和准确性。

2. 发动机关键参数查找与计算

在发动机燃烧时间平均压强初定后，根据相关参数查找推进剂配方，然后根据推进剂配方的性能参数查找对应的发动机型号以及它的性能参数。

这里涉及了推进剂配方的查找以及相关发动机型号参数的查找。推进剂配方信息需要设计师在以往的设计文档及方案中进行查找，需要耗费比较多的精力，更麻烦的是，还要根据查找的推进剂配方信息去匹配发动机型号信息，一旦未找到对应的型号，则需要重新选择推进剂配方，然后再次匹配查找，如此反复，查找效率非常低，严重影响设计进度。在接下来的壳体材料选取中也出现了同样的问题，即无法通过关键参数快速查找到想要的壳体材料。

在选取完壳体材料之后，根据材料的参数进行壳体厚度计算和安全系数计算，这里的计算过程是通过经验公式手算完成的，但是手算会有笔误或者计算出错的风险，一旦计算出错，会给后面的论证设计带来不可预估的影响。

3. 发动机及其部件的三维设计

根据查找、计算的参数以及选择的喷管类型在 Creo 中进行发动机初步三维建模。

影响发动机模型的关键参数多达二十几个，这里除了考虑结构尺寸以外，还要考虑发动机的一些性能指标，而且这些性能指标与结构尺寸之间存在复杂的关联关系，几乎不可能一次性建模成功，需要大量地调整参数的组合，不断地试错，但这种方式会耗费大量时间，而且最终不一定会得到想要的发动机三维模型，之后在建立装药三维模型时也遇到了同样的问题。

三维建模完成之后，需要进行燃面-肉厚计算，这里是基于 Creo 的族表来实现的，但现有的计算方法会带来两个问题：第一个是计算效率问题，族表的校验需要人工一条一条地触发，在推移时间间隔很短的情况下，手动触发的工作量是非常大的；第二个问题是一旦校验失败，所得到的燃面-肉厚曲线不理想，则需要再次调整族表进行校验，试错周期太长，影响设计效率。

4. 发动机内弹道计算

在建模以及燃面-肉厚计算完成后，设计师需要根据以上几个步骤的计算结果进行内弹道计算，内弹道计算程序是由九部研发的计算程序，现有的计算方式是将计算输入以文本文档的形式进行存放，执行程序后，读取输入文件，然后生成文本文档形式的结果文件。

这旦的计算方式很不直观，一方面输入参数的修改需要在文本文件里面完成；另一方面，得到的计算文件还需要进一步的数据处理才能判断正确性；计算出错后的迭代周期过长，不利于论证的快速推进。

5. 发动机方案优化设计

内弹道计算完成后，就要进行发动机整体方案的优化，主要是根据燃速偏差、燃速取值范围、喉径取值范围、压强范围、比冲限制等一系列范围进行取值组合优化，很显然这样的优化方式工作量巨大，对于一个经验不足的设计师来说更是无从下手。

6. 结果汇总与指标下发

发动机总体论证完毕后，需要将设计参数汇总到方案设计报告中，同时需要将发动机总体骨架和指标参数下发给发动机分系统设计人员。

现在的情况是，设计师通过人工撰写报告的形式将设计参数汇总至方案设计报告中，然后通过邮件或者拷贝的方式将报告和骨架下发给分系统，再逐个确认哪些参数和要求是给分系统 1 的，哪些是给分系统 2 的……沟通工作量大，技术指标下发不及时，分系统设计人员不能及时反馈出现的问题，导致发动机的设计过程脱节，严重影响发动机的研制效率。

综上所述，固体火箭发动机总体论证是一个非常复杂的过程，其中所反映的问题也非常突出，总结三大痛点如下：

1）论证过程中所涉及的工程计算、三维建模、方案优化、报告生成等工业技术和知识方法在设计效率、结果准确性等方面已经无法满足现有发动机总体快速论证的要求。

2）论证过程中存在很多设计任务，任务与任务之间的逻辑关系不清晰、关联性弱，无法满足发动机总体论证流程的快速迭代与协同设计的要求。

3）论证过程中任务与任务之间没有统一的数据接口，设计过程中的数据查询效率非常低，总体论证的技术要求及骨架模型无法及时准确地下发给分系统。

为了解决固体火箭发动机总体论证的三大痛点，中国航天科工集团第四研究院第九总体设计部基于索为 Sysware 工程中间件平台封装了"适用于商业航天的固体火箭发动机数字化快速总体论证" APP。如图 5-12 所示。

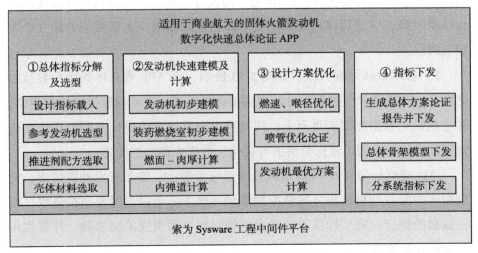

图 5-12　固体火箭发动机总体论证 APP（图片来源：航天四院九部）

基于索为Sysware平台，将专业算法、高价值专业数据进行封装，形成自主可控的固体火箭发动机专业的工业APP。具体分析发动机论证流程如下：首先，通过知识库进行支撑指标分解及选型；其次，在建模及计算方面，APP内嵌了参数化模型，根据要求自动建模，并自动调用仿真及自研软件进行计算；再次，通过集成专业优化软件，自动完成迭代优化；最后，自动完成指标下发和生成论证报告。总之，该APP实现了对固体发动机论证流程的全数字化的改进封装。

发动机总体论证APP封装集成了固体发动机推进剂选取、壳体计算等13个设计流程，发动机总体、点火装置、喷管等7个数据库，燃面仿真、内弹道性能计算等30个专业算法、7个工具软件，覆盖了发动机论证全过程，形成了12项标准规范，3项科研成果。

发动机总体论证APP由以下10类APP组合构成：总体指标设计APP；推进剂配方选取APP；壳体材料选取APP；发动机初步建模APP；装药设计APP；内弹道计算APP；压强方案优化APP；喷管优化APP；设计结果分析APP；分系统参数下发APP。

针对APP的以上功能进行了详细的测评工作。经过测试，该APP各项功能运行良好，性能优异；使用APP的设计结果与采用传统设计方法的设计结果一致，满足固体火箭发动机总体论证的要求。下面重点介绍几个关键APP。

1）总体指标分解APP。如图5-13所示，该APP将总体指标参数接收之后显示在界面上，进而设计师根据指标参数进行发动机数据库数据检索，并将检索的数据加载到页面上，同时可以查看绑定的设计准则和操作指南来辅助设计，实现了指标分解的可视化、数据查询的智能化。

总体指标分解APP可以加载总体指标参数；一键参考发动机搜索，将数据库中的发动机历史方案数据加载到界面上，帮助参考发动机选取；根据加载的燃烧时间平均压强，确定燃烧时间平均压强关键参数；并提供相关参考知识推送。

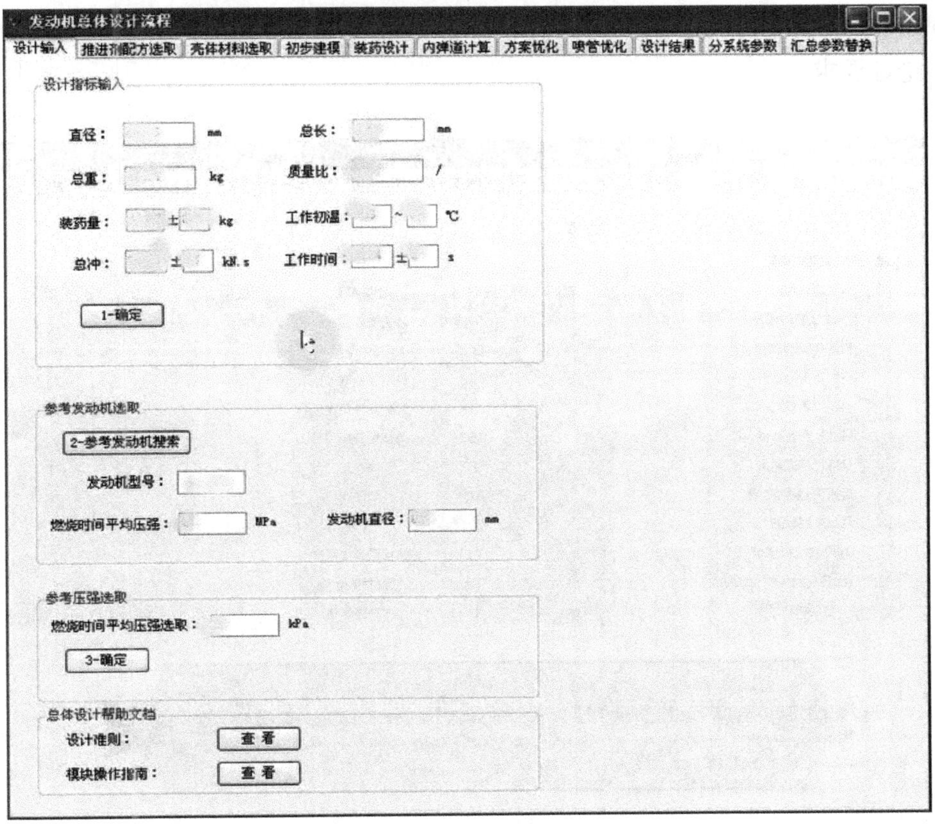

图 5-13　发动机总体设计 APP

2）发动机初步建模 APP。如图 5-14 所示，该 APP 将发动机参数化模型封装在 Creo 组件中，并将关键参数显示在界面上，设计师根据实际情况进行参数设定，并驱动 Creo 进行参数化建模，实现了发动机参数化、可视化、快速化的三维建模。

该 APP 可以根据喷管类型，提供潜入喷管和非潜入喷管的发动机参数定义，根据 APP 所封装的发动机建模逻辑、数据关系与知识，自动驱动 Creo 软件进行三维建模，并可实现对模型关键参数进行提取。

3）内弹道计算 APP。如图 5-15 所示，APP 将内弹道计算自研程序封装至组件中，将计算的输入、输出参数全部显示在界面上，让设计师根据计算的结果重新快速调整输入参数，实现了可视化快速迭代、准确计算的论证要求。

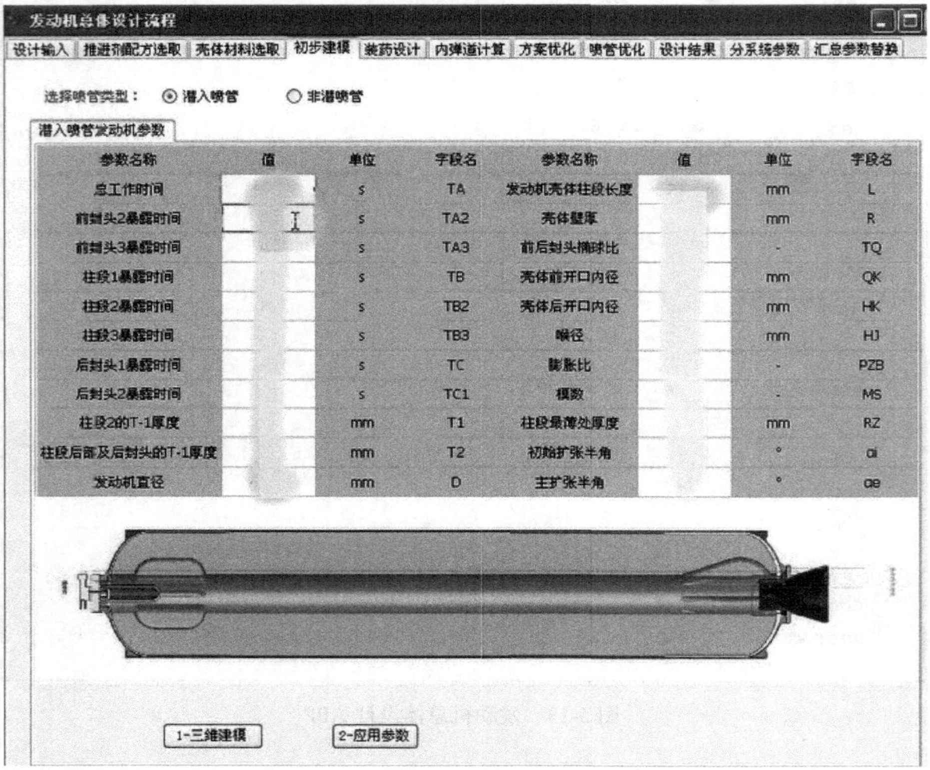

图 5-14 APP 驱动完成发动机参数建模

①燃速计算。设定参考压强，点击"2-执行"按钮，驱动 isight 进行燃速优化计算。

②推力系数因子计算。点击"3-参考发动机选取"按钮，加载指定的发动机压强，点击"4-执行"按钮，驱动 isight 进行推力系数因子优化计算。

③内弹道计算。输入参数，点击"1-内弹道计算"按钮，进行内弹道计算。

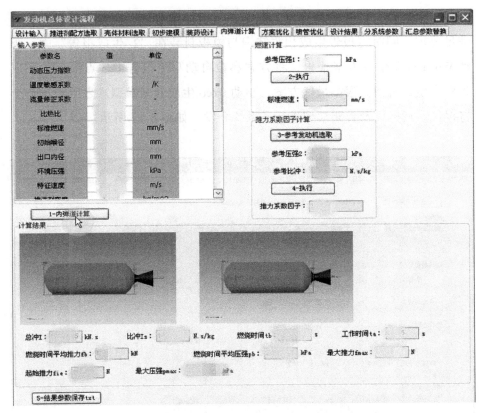

图 5-15　内弹道计算 APP

④保存计算结果。点击"5-结果参数保存"按钮,对计算结果进行存储。

4)报告输出及指标下发 APP。如图 5-16 所示,APP 将发动机总体方案论证的结果参数全部展示在界面上,并与总体指标进行对比,满足要求后驱动 Word 生成方案设计报告,驱动 Creo 生成总体骨架模型,然后将指标参数和骨架下发至分系统。

报告输出及指标下发 APP 包含 4 项关键活动:方案优化与对比、自动报告生成、自动总体骨架模型生成、指标分发。

APP 将方案优化与选择过程封装在"1-最优方案运行"中,可以实现一键方案优化，计算出最优方案数据并与指标参数进行对比，显示出是否满足要求；同时将报告生成相关知识与模板封装在"2-生成报告"中，驱动 Word 自动生成方案报告，将方案参数自动写进报告中。点击"3-生成骨架模型"按钮，根据最优方案，驱动 Creo 生成骨架模型。之后，APP 会将报告、指标以及骨架模型进行子系统分发，如图 5-17 所示。

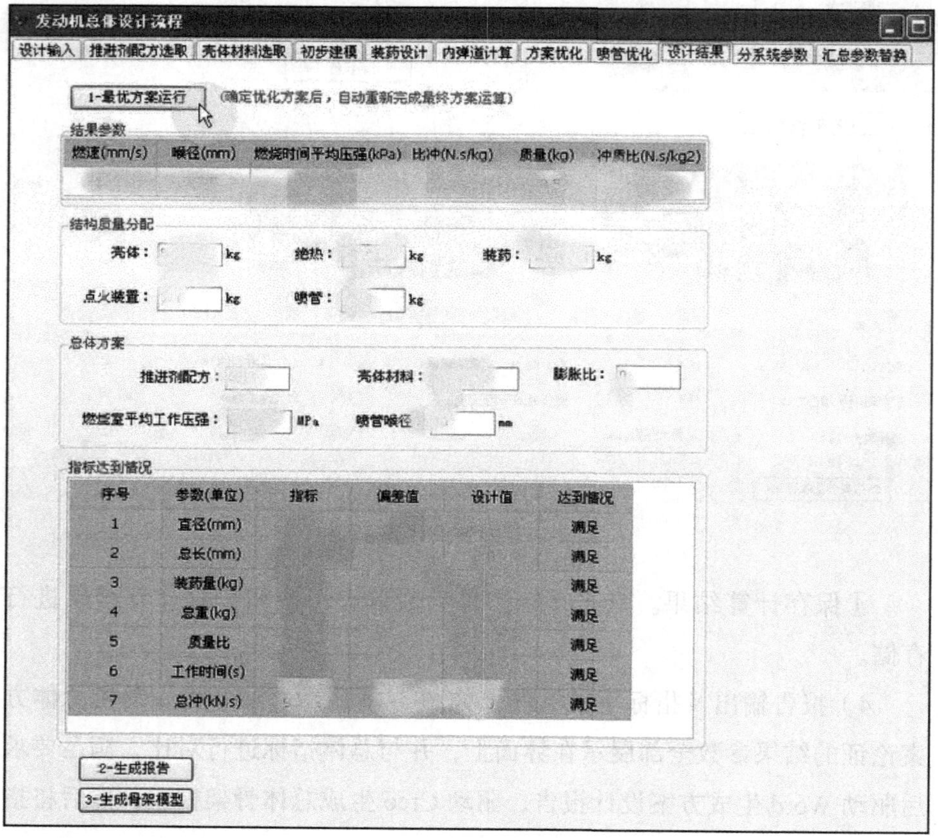

图 5-16　设计结果

APP 会自动根据抽取出的关键指标，按照不同的子系统归属，将发动机总体论证参数下发到分系统。

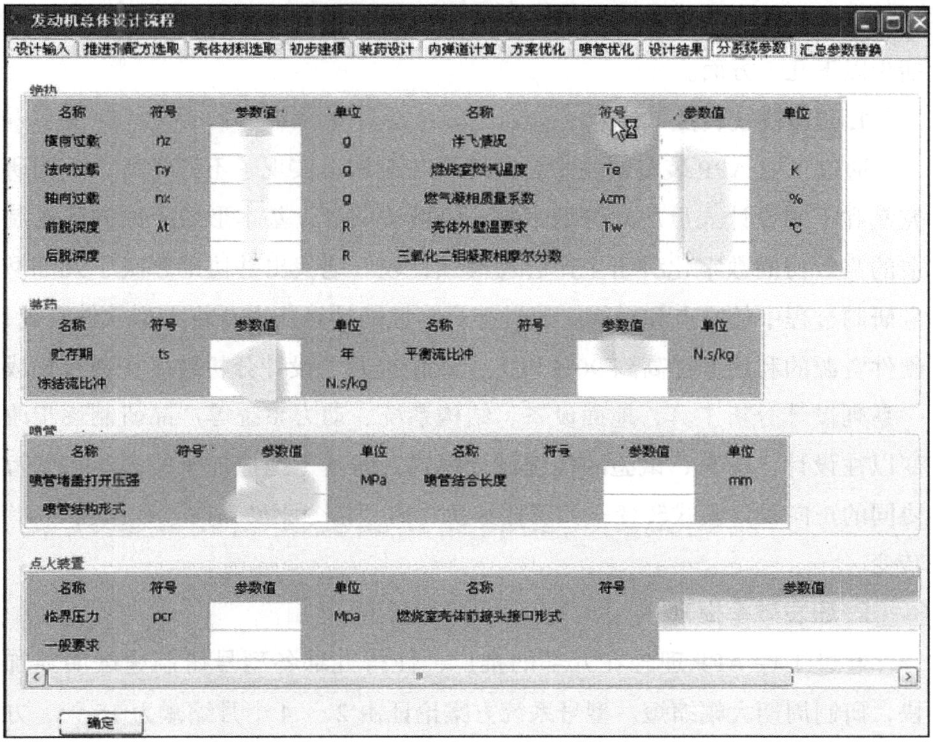

图 5-17　分系统指标参数分发

工业 APP 的应用价值与推广效果

快舟运载火箭发动机总体论证 APP 大幅减少了重复劳动，极大地提高了设计人员的工作效率。应用该款 APP，1 人就能完全承担固体火箭发动机总体论证任务，论证成本和周期从以前的 5 人 7 天缩短到了 1 人 2 天，效率提升 14 倍，同时论证精确度大幅提升。通过应用这款 APP，发动机性能可进一步提升，发动机设计一次成功，后续试验也进一步验证了用 APP 设计发动机的准确性、可靠性。同时 APP 支撑了快舟产品线的快速扩充，下代直径 2.2m 的国内最大的复合材料壳体发动机已通过地面试车考核，后续更大直径的快舟发动机正在论证中。

自实施该成果以来,九部总体研发能力得到大力提升,实施效果可概括为以下几个方面。

1. 研发模式转变

通过工业 APP 装备研发平台的建设与应用,实现了不同学科、不同研究室和不同设计人员之间跨域审签、跨域协调等,基本形成了面向先进制造的高效协同数字化科研生产管理模式,较好地找出并协助解决了九部型号研制过程中的难点和短线。通过整合高性能计算能力,将大型软件资源、硬件资源的利用率提高到 90% 以上,成倍提升了设计分析效率;通过集成一系列设计分析工具,地面设备、结构系统、动力系统等产品研制逐步改变以往设计、仿真、试验的传统设计模式,向基于虚拟样机的多学科并行协同的正向设计模式转变;实现任务执行由"指令驱动"向"数据包驱动"转变。

2. 研发效率提升

通过工业 APP 理念在九部的推广,使得九部各型号研制速度明显加快,研制周期大幅缩短。型号系统方案论证由 2~4 个月缩减为 15 天,方案设计由 1~3 个月缩减为 0.5~1 个月,实现了新型号从 2~3 年飞行试验到 1~2 年飞行试验的跨越。在详细的专业设计方面,以动力系统设计为例,设计人员自己总结为:自动族表校验,效率提升 80%;Creo 参数化自动建模,效率提升 90%;仿真过程自动化(前处理、求解、后处理),效率提升 60%;报告自动生成,效率提升 90%;提供多学科优化能力,建立优化模型时间减少 70%。

3. 自主创新能力大幅提高,夯实工业技术软件化基础

通过全面推广工业 APP 及工业技术软件化理念,九部构建专业工业 APP 并借力知识驱动,大力推动专业建设和能力建设。面向结构设计、气动计算、力学分析等设计技术领域,开发了普适性强的基础性通用 APP。面向产品集成开发、联合仿真、综合验证等需求,加快了设计建模、仿真分析与试验验证;并团结产品研制各环节,完善了知识获取和应用机制,加快建设了专用型工业知识库，鼓励各部门加强知识库开发应用和开放共享。

通过发展三维设计、仿真、验证等集成应用和云化服务，提升了计算机辅助设计、计算机辅助工程、计算机辅助制造等操作指令集集成水平，支持工业软件发展提升。通过多源异构数据集成优化、一体化管理等面向新型工业大数据的工业 APP 研发和应用，提升了工业大数据应用的广度和深度。

工业 APP 促进工装数字化设计升级

中国航发南方航空工业有限公司(简称南方公司)使用工装快速设计 APP 系统实现了设计员从现有历史工装出发,通过使用开发的快速设计功能模块,快速克隆和修改工装参数,调用设计工具集的工具并快速设计出新工装,提高了工装设计效率,降低了工装设计周期。以前需要 8 小时完成的一套工装设计工作,利用开发的工装快速设计 APP,可以实现 4 小时完成该工作,相当于工装模型设计效率提高了 50%,达到明显缩短工装设计周期的应用效果。

应用背景与概况

在航空发动机研制生产过程中,如何提高工装设计效率、减少工装设计过程中的重复劳动、缩短工装设计生产周期是提高南方公司企业竞争力的重点项目方向。

因此,南方公司需要开发数字化快速工装设计 APP,封装企业现有的工具软件和管理系统,建立工装库、标准件库、工装经验知识库、工装设计要点库、工装计算公式库、设备资源库,同时导入企业积累的相关历史数据，在工艺员编制工艺文件时，调用工装库的工装以实现编制结构化工艺结果要求：

1）需要实现工装信息查询和工装任务信息查询功能，以快速查询工装任务流程信息和数据属性。

2）需要开发数字化快速工装设计和工装快速设计工具集相关模块，封装集成现有的 NX 7.5 工具软件，实现快速设计工装三维建模及工程制图的设计效率。

工业 APP 在工装数字化设计中的应用

数字化工装快速设计 APP 系统包含工装任务管理 APP 模块、工装快速设计 APP 模块、工装快速设计工具集 APP 模块和工装数据管理 APP 模块。如图 5-18 所示。

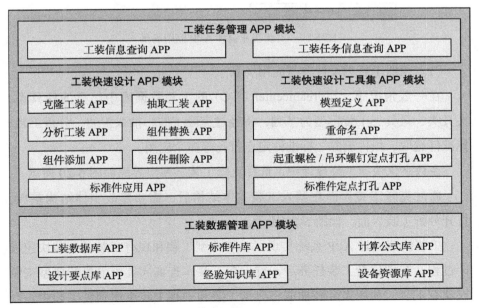

图 5-18　工装快速设计 APP 总体架构

项目总体框架如下所示。

工装快速设计 APP 系统总体应用场景及模块使用流程如下所示（见图 5-19）。

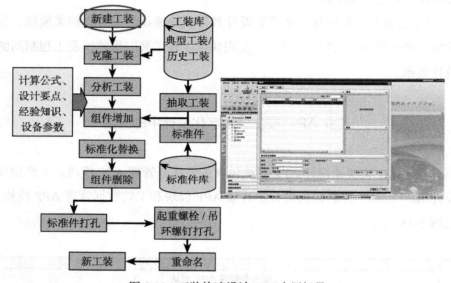

图 5-19　工装快速设计 APP 应用场景

（1）相似工装类设计典型应用场景

在一般情况下，以 Teamcenter（TC）的工装数据库中已有的模具类、夹具类、量具类工装模型为基础，将经过克隆工装、抽取工装、分析工装、标准件选取、组件删除、标准件定点打孔等多个应用。

在数字化快速工装设计中，选择克隆工装。弹出界面如图 5-20 所示。

通过克隆工装界面在调入工装主体结构后，需要修改主体结构参数，打开分析工装界面，如图 5-21 所示。

工装快速设计 APP 系统实现了基于典型工装和现有工装的工装快速设计过程。在创建新工装任务后，首先在工装库查询同类可借鉴的典型工装或现有工装，利用克隆和抽取将典型工装和现有工装重用到新工装中，利用分析工装、组件增加、组件删除、组件替换微调新工装，然后从标准件库中调用标准件，利用设计工具集对新工装进行设计操作，最后使用重命名功能将新工装模型统一规范化命名。在新工装设计过程中，可利用设计要点库、经验知识库、设备资源库、计算公式库对工装设计进行业务知识支撑，从而快速完成新工装设计工作。

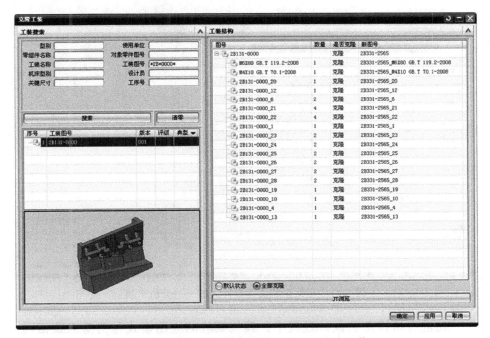

图 5-20　相似工装快速设计 APP——克隆工装

（2）工装拼装式设计典型应用场景

在进行新工装设计时，如果采用拼装工装方式进行新工装设计，通过抽取工装界面多次抽取可重用的典型工装或现有工装的部分组件，形成新工装。

在进行第一次抽取过程中，克隆的工装部件图号按顺序依次排序。

在进行第二次抽取过程中，克隆的工装部件图号根据第一次的抽取结果进行连续排序。

如果在克隆工装或抽取工装结束后，需要再对图号进行修改，可利用工装快速设计工具集中的重命名功能修正图号。

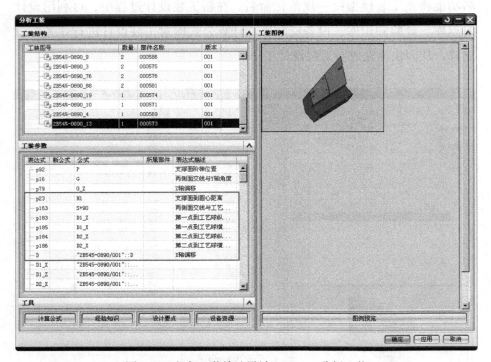

图 5-21　相似工装快速设计 APP——分析工装

在进行拼接工装设计过程中，其他模块的应用模式与典型工装相同，如分析工装、组件添加、不同规格标准件替换、不同参数标准件替换等。

工业 APP 在生产工艺领域的应用效果与价值

2015 年年底工装快速设计 APP 验收后，就 2016 年至 2018 年项目开发成果和实际应用效果来说，工装快速设计 APP 实现了新的工装设计理论思路，工装快速设计 APP 系统使设计员可以从现有历史工装出发，经过使用开发的快速设计 APP 功能模块，快速克隆和修改工装参数，调用设计工具集的工具并快速设计出新工装，大大提高了工装设计效率，缩短了设计周期，具有很好的推广价值，工程实用性很强。

2016年，南方公司工装处共有设计员30人左右，2016年工装处一共完成工装设计大概7000套，其中使用工装设计APP完成约3000套工装设计，使用该APP完成工装设计的比例为42%。

2017年南方公司工装处在同样人员配置情况下一共完成工装大概8000套，其中使用工业APP完成的工装设计为4500套左右，使用APP完成工装设计的比例上升到56%。

在使用APP之前，整个工装处全年能够完成6000～7000套工装设计，全处人员经常需要加班加点。使用工装设计APP之后，全年工装设计数量增加到8000套，每个工程师的工作强度反而减轻了，工装设计APP帮助工程师完成了大多数的重复性、事务性工作，极大地减轻了工程的工作强度，提升了工装设计效率。

通过测算，工装设计员使用APP软件可以明显提高完成某套新工装的设计效率，降低工装设计工时。以前需要8个工时完成的一套工装设计工作，利用开发的APP软件，可以实现4个工时即可完成，相当于工装设计效率普遍提高了一倍。

工业 APP 在设备远程数字化保障中的应用

应用背景与概况

哈尔滨电气集团公司由"一五"期间苏联援建的 156 项重点建设项目的 6 项沿革发展而来,是 1994 年在原哈尔滨"三大动力厂"基础上组建而成的我国最早的发电设备研制基地,也是中央管理的关系国家安全和国民经济命脉的国有重要骨干企业之一,于 2009 年 2 月更名为"哈尔滨电气集团公司",于 2017 年 12 月完成公司制改制,正式更名为"哈尔滨电气集团有限公司"(以下简称哈电集团)。

作为共和国装备制造业的"长子",哈电集团在我国发电设备发展史上竖起了一座座丰碑,积极带动我国发电设备制造水平和自主创新能力的新跨越,已形成核电、水电、煤电、气电、舰船动力装置、电气驱动装置、电站交钥匙工程等主导产品,核心技术能力达到世界先进水平。

截至 2017 年年末,哈电集团注册资本 19.9 亿元,资产总额 689.65 亿元,用工总量为 2.27 万人,其中专业技术人员近 1 万人。累计生产发电设备 4.0 亿千瓦,装备了海内外 500 余座电站,出口到亚洲、非洲、欧洲及南美等 40 多个国家和地区。

　　随着传统制造业向服务型制造业的转型，对设备监控和预测性维护的需求也随之而来。哈电集团自主研发生产的产品包括锅炉、电机、汽轮机、核电设备等大型装备，在我国各个工业部门拥有海量用户。对设备本身进行在线监控与预防性维护可以显著提高集团设备的固有性能，减少设备意外停机，保证设备最优运行，为客户提供更优质的服务。除了设备运维优化外，对运行数据进行收集可以帮助或指导设计部门改进产品设计，从根本上打通从产品设计到全生命周期管理的回路。随着哈电集团生产装备的大规模出口，对运行装备提供智能监控及预测性维修手段也将为海外项目的运维能力提供强力支撑，在提高保障性的同时，提升整个设备或者解决方案的性能。

工业 APP 在多能互补远程设备维护中的应用

　　发电设备大数据技术应用平台是基于信息物理系统（CPS）、工业大数据平台和故障预测与健康管理（PHM）理念，结合 IoT、大数据分析、协同优化、可视化等技术的智能运维体系，是制造业向服务型转化的必要条件和重要支撑，为基于该平台环境开展远程运维、智能制造相关业务开发工作做好了技术准备，同时为哈电集团工业互联网云平台建设及产品全方位和全周期管理打下了夯实的基础，促进发电设备制造企业由制造型企业向服务型企业转型，实现新的经济增长点。

　　通过对哈电集团发电设备工业大数据应用技术平台（一期）项目的建设及示范应用，推动了哈电集团装备运行数据的实时采集、高吞吐量存储、数据索引、查询优化、并行分析处理、智能监控及预测性维修等关键技术的开发与验证，建立了覆盖产品全方位和全周期管理的工业大数据平台，加强了企业内部与外部、结构化与非结构化、同步与异步、动态与静态、实时与历史数据的整合集成与统一访问，实现数据驱动。深化大数据采集分析、远程运维等服务型制造新模式应用，可提高监测追溯、预测维修、质量控制、供应链预判、目标客户资信评估、风险管控等智能化服务能力。

哈电集团打造的发电设备智能数据采集、海量数据综合管理、APP开发及运行环境、用户服务资源部署等工业互联网全生命周期业务，能够提供完善的行业系统一体化解决方案。为了打造行业级开放性平台，广泛整合和利用现有的技术、知识和硬件资源，平台整体采用了分布式云技术架构、模块化功能设计和多层次开放性接口的思想，使平台具有通用性强、易集成、易推广的特点，满足多种类设备上云、多语言APP开发、多维度数据管理、多模式服务部署等工业大数据应用的关键需求。

目前，平台分为一体化数据采集终端和云平台端两部分，形成一个云端、多个终端的结构。其中云平台端目前部署在哈电集团私有云上，一体化数据采集终端部署于江苏大丰现场的终端。

1. 工业大数据平台建设

工业大数据平台采用IaaS、PaaS和SaaS三层架构，对外提供基于HTTP REST、JDBC以及RPC的数据接口API，内部集成可视化建模IDE和基于微服务的算法模型运行环境，利用Sqoop等开源工具实现离线数据的导入，利用流式数据处理技术对实时数据进行分析。平台管理提供可视化用户界面，管理员以可视化的方式进行用户权限分配、数据库维护、算法模型服务注册等操作。云端平台技术架构如图5-22所示。

平台应用大数据、云计算、物联网、人工智能等关键技术，提供多种存储方案和数据算法，支持结构化数据、半结构化数据和非结构化海量数据的采集、存储、分析和挖掘，提供多种标准的开放接口，支持以微服务化模式进行二次开发，同时平台提供了可视化的数据展示、建模分析、数据管理、系统管理等工具，降低了数据分析人员、系统管理人员和最终用户的使用难度。平台逻辑架构如图5-23所示。

第五章 工业 APP 开启中国数字工业新时代 | 233

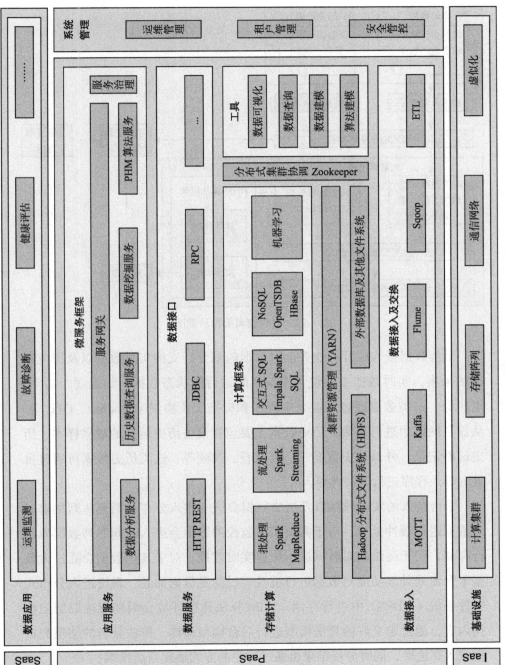

图 5-22 平台技术架构图（图片来源：哈电集团）

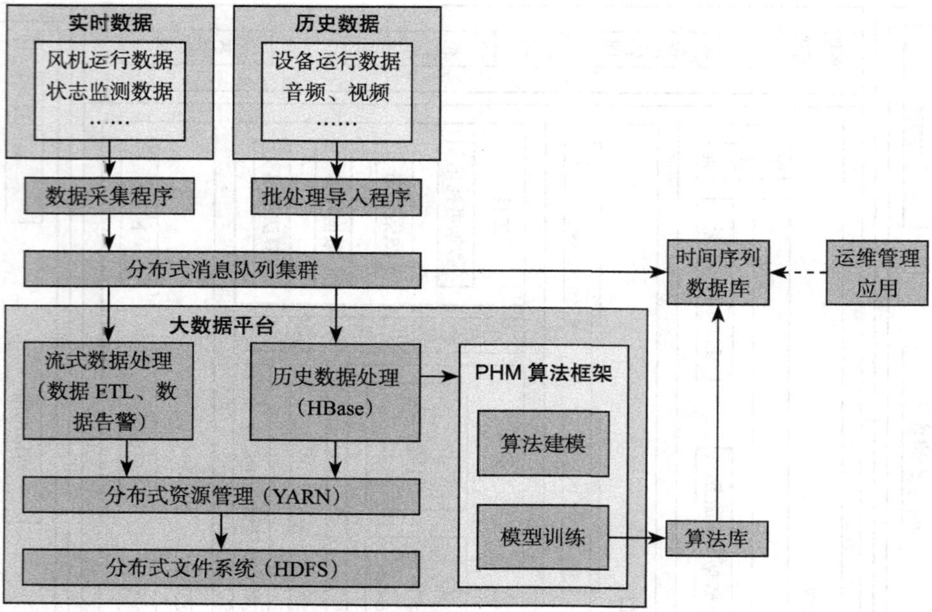

图 5-23 平台逻辑架构示意图

平台数据接入层针对业务上对数据的划分，支持实时数据以及历史数据的采集，实时数据主要包含设备实时运行的状态数据，如温度、功率、电压等，这类数据通过工业采集程序和标准工业协议（Modbus、OPC等）从设备网络中进行采集；历史数据主要包含设备历史运行的数据样本、历史诊断记录、外部历史数据库，以及音、视频等，这类历史数据可通过批处理导入程序进行周期性导入。

平台接入的实时数据以及历史数据会统一进入分布式消息队列集群以对数据进行缓冲处理，对于需要实时监控的数据会进入时间序列数据库进行存储，用于运维端对数据进行快速实时监控；对于其他数据会通过大数据平台流式处理功能对数据进行清洗、过滤及数据加载，最终进入分布式文件系统（HDFS）中进行存储，PHM算法建模环境会周期性读取历史数据内容，通过定义好的算法模型进行后台模型训练，算法分析的结果数据会进入算法库，同时分析结果也通过时序的方式展现给运维端。

平台提供算法建模环境，帮助算法开发人员在可视化环境下完成工业 APP 的快速开发和部署应用。如图 5-24 所示。

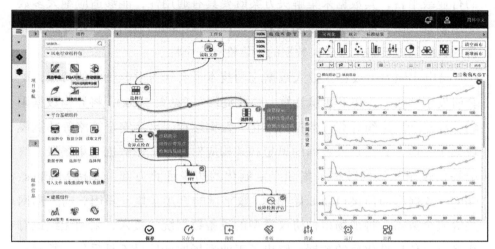

图 5-24　可视化集成建模环境（图片来源：哈电集团）

同时，平台提供角色管理、平台资源管理及授权应用部署等功能，便于系统管理员掌控平台软硬件运行状态，实现相关信息的查询与浏览。如图 5-25 所示。

图 5-25　平台管理界面（图片来源：哈电集团）

2. 数据采集解决方案

数据采集是工业互联网平台的基础支撑，要成为发电设备工业大数据的行业级平台，其数据采集解决方案既要具有通用性，能够适应绝大多数应用场景，又要能够满足定制化需求，以增强产品的适用性，还要具有完善的数据管理策略，以确保数据的可靠性和安全性。

哈电集团发电设备工业大数据应用技术平台针对发电行业的特点，配套研发了"数据采集及边缘计算一体化终端"（见图 5-26），将异构数据采集、高复杂度边缘计算、数据标准化、数据缓存、网络安全策略等功能模块集于一体，真正以大数据的思想和架构应对海量工业数据采集场景。终端提供传感器级的数据采集和半定制化的边缘计算方案，支持 Modbus、OPC、数据库通信接口及原始模拟/数字量的直接采集，采用单向隔离网关等安全策略，将现场多种协议类型的设备数据统一接入，采用无线或有线网络上传标准化后的数据；解决了工业现场原始信号不易采集、数据种类多、接口协议繁杂、数据传输不安全等技术瓶颈。

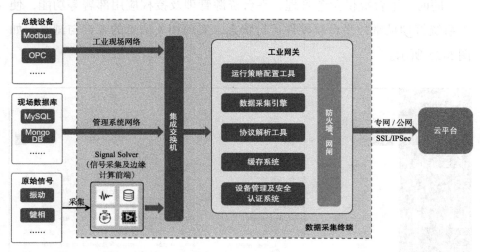

图 5-26 数据采集及边缘计算一体化终端结构图（图片来源：哈电集团）

一体化解决方案将大量数据处理工作交由现场终端内的数据采集前端执行，利用板卡级 FPGA，实现高复杂度的边缘计算，如信号处理、特征提取、压缩加密等，并可根据实际业务需求进行个性化定制，可将处理后的特征数据进行上传，避免传输大量原始数据，大大降低了互联网平台的网络和计算资源需求，工业大数据产品普遍存在的数据量大、网络带宽和服务器承载能力有限的瓶颈得到解决。

3. 新能源设备上云

新能源设备上云是项目的关键示范点，特别是多种新能源设备同时上云。为了体现哈电集团工业大数据互联网平台的优势，基于大数据技术应用平台远程运维服务示范电站多能互补智能运维系统包含小型风力发电机组、光伏发电、储能系统等多种能源形式的小型微电网，为海水淡化负荷、灌装线负荷和居民负荷供电。系统包括一台 100kW 永磁直驱风电机组、100kWp 光伏发电、储能系统容量为 110kWh、海水淡化系统负荷为 42kW、灌装线负荷为 16kW、380V 交流配电系统和微网综合监控系统。

平台一体化数据采集解决方案将一体化终端部署在系统主控机房内，提供了 100kW 风机 PLC、光伏系统 PLC、储能系统控制系统、海水淡化及灌装线控制系统的数据接入，并提供风机振动数据实时采集及边缘计算服务，将振动幅值、频谱等特征上传。基于发电设备工业大数据应用技术平台远程运维服务的功能模块和前端 UI 界面如图 5-27 所示。

运维服务总体提供系统基本状态监测、生产管理、维护管理和 PHM 分析四大模块。其中基本状态监测用于对系统的实时监控，后台提供基于专家系统的预警服务，当系统处于非正常状态时对用户进行提醒。生产管理模块集成了基于运筹学思想的管理应用，根据系统运行状态实时计算最优化生产策略，为运维人员提供参考。维护管理模块提供的 APP 同样基于运筹学原理，主要参考 PHM 健康分析模块的分析结果，根据设备的故障风险和潜在损失制定设备维护策略，使得系统的总经济效益最大化。

PHM 模块以新能源设备健康分析为切入点，全面开展以故障预测替代故障诊断、专家系统与人工智能相结合的运维新模式。通过对历史数据的分析和专家知识的总结，集团与哈工大、天泽智云等合作方在平台上研发了二十余个涵盖状态监控、故障诊断、趋势分析和运维优化业务的 APP，其中包含大部分基于机器学习等人工智能技术手段的大数据分析应用，并包含 5 个用于故障预测和性能评估的 PHM 应用。

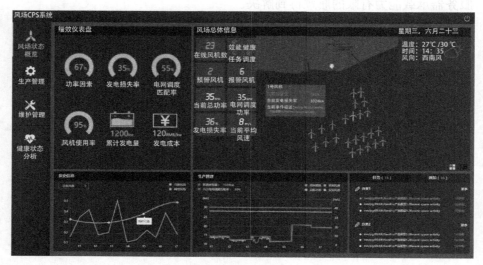

图 5-27　基于发电设备工业大数据应用技术平台远程运维服务界面（图片来源：哈电集团）

图 5-28 展示了基于支持向量机的偏航对风不正分析界面，表 5-4 列举了示范项目中利用人工智能或 PHM 方法的共 14 个 APP。

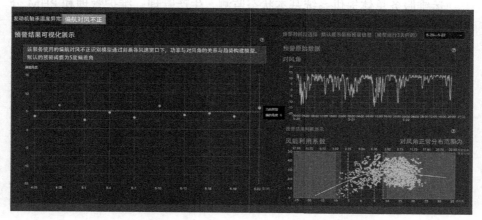

图 5-28　偏航对风不正分析界面（图片来源：哈电集团）

表 5-4 利用人工智能或 PHM 方法的 APP（来源：哈电集团）

序号	APP	序号	APP
1	风机偏航对风不正	8	光伏设备发电性能衰退评估
2	风机发电机绕组温度异常	9	光伏发电设备运行效能评估与报表
3	风机风速仪卡滞	10	电池 SoC 评估
4	风机风速仪松动	11	电池性能衰退评估
5	风机叶片结冰	12	海水淡化设备性能在线评估
6	风机发电量和可靠性评估	13	海水淡化设备性能衰退评估
7	光伏设备发电性能在线评估	14	海水淡化设备运行效能评估与报表

工业 APP 在设备远程维护领域的应用效果与价值

对设备本身进行在线监控与预防性维护可以显著提高集团设备的固有性能，减少设备意外停机，保证设备最优运行，为客户提供更优质的服务。除了设备运维优化外，收集运行数据可以帮助或指导设计部门改进产品设计，从根本上打通从产品设计到全生命周期管理的回路。随着哈电集团生产装备的大规模出口，对运行装备提供智能监控及预测性维修手段也将为海外项目的运维能力提供强力支撑，可在提高保障性的同时提升整个设备或者解决方案的性能。

1. 一体化数据采集解决方案

为了适应发电行业中绝大多数应用场景，同时满足定制化需求，加快产品开发速度，平台配套"数据采集及边缘计算一体化终端"，将异构数据采集、高复杂度边缘计算、数据标准化、数据缓存、网络安全策略等功能模块集于一体，真正以大数据的思想和架构应对海量工业数据采集场景。

终端采用分布式和低延时计算技术，对终端设备的数据进行筛选处理和数据采集，支持 Modbus、OPC 等协议转换以及数据库通信接口，同时支持原始模拟/数字信号采集。现场采用单向隔离网关等安全策略，解决了工业现场原始信号不易采集、数据种类多、数据量大、接口协议繁杂、数据传输不安全等技术瓶颈。

2. 多源异构数据融合技术

利用多源异构数据融合技术，将不同种类发电设备数据转化为面向发电设备对象的统一信息模型，一方面完成不同时间、空间维度的数据融合，形成合理的按时间、空间关联的数据断面；另一方面不同业务相关数据之间形成关联，并使用一致的数据表达。通过对多源异构数据进行建模融合，解决了数据采集和数据管理过程中的标准化和一致性问题。

3. 海量数据并行处理技术

利用海量异构数据实时、批量处理分析技术，构建在线监测、在线分析和在线计算等实时数据处理平台。对于电力设备故障预测等计算量大且实时性要求又相对高的场景，采用内存计算技术来进行处理。平台内存计算引擎的计算框架采用改进后的ApacheSpark作为执行引擎，与MapReduce框架相比，其消除了频繁的I/O磁盘访问。同时，该引擎采用轻量级的调度框架和多线程计算模型，与MapReduce中的进程模型相比，具有极低的调度和启动开销。

4. 可视化建模分析工具

平台集成了可视化集成建模分析工具（IDE），提供行业模板和算法模块，采用图形化编程的方式，算法开发人员无须具备代码编程能力，降低了工业APP的开发门槛并加快了开发速度，解决了现有专家知识难以沉淀的困难。

通过专业团队的总结提炼，将标准、通用的分析建模方法和流程包装为行业经验模板，APP开发人员通过对模板的调用即可快速进行相关领域产品的研发，无须深入掌握工业机理，大幅减轻算法工程师对行业知识的依赖。

5. 健康预测代替故障诊断

产生故障、找出根源并进行设备维护，是传统运维模式的三大步骤。在这种模式下，设备的维护往往是非计划性的，由于突发的故障或严重的警告导致被迫停机检修会对用户造成严重的经济损失。

　　平台采用故障预测与健康管理（PHM）模式，以系统工程的角度利用历史数据及同类比较数据对设备未来运行状况进行判断，根据设备的运行特征建立常模型，提前预测故障风险，安排检修计划，提升发电系统综合经济效益。

工业 APP 在钢铁行业的应用

应用背景与概况

钢铁行业是人类最重要的基础工业之一，自动化程度高、知识积累丰富、先进技术应用广泛；该领域知识的重要性和价值比很多行业更早地体现出来。

钢铁行业的复杂性体现于产品种类与材料配比千变万化。钢铁是广泛使用的大宗原材料，不同用户对产品的要求不一样。有的钢铁企业仅在热轧环节就涉及数以千计的成分组合，再考虑到几何尺寸、表面、包装等方面的要求，最终产品的种类数以百万计。产品种类的复杂性导致了企业知识的复杂性。

在重要性程度高、总产量大、单个合同批量小、质量要求高的前提下，钢铁企业的生产管理非常复杂。这种复杂性进而为自动化和信息化的发展提供了巨大的推动力。所以，现代化钢铁行业往往是自动化程度较高的行业，现在很多管理和控制工作是由计算机自动完成或者人机结合完成的。要做到这一点，本质上就应该将领域知识赋予计算机，由知识驱动机器来完成相关工作。

领域知识表达——从知识特征化到工业 APP

钢铁企业最重要的知识是与产品生产制造过程相关的。制造过程的流程、控制和检验要求都与产品挂钩；企业根据用户需求选定一种产品后，从需求到工艺控制的相关知识就串在一起了。

在自动化的背景下，这些知识需要实现标准化、数字化。例如，将产品标准解析为对成分、检验标准等方面的数字化特征指标。由于钢铁产品可能包含的成分和检验是有限的，与产品相关的知识可以用这些特征指标来表征。同样，工艺流程可以解析为对有限的设备组合的选择。工艺流程确定下来之后，工艺规程又可解析为对各个控制环节的目标要求。

钢铁生产过程的很多控制机制很复杂。比如，把连续生产出来的钢坯切割到一定长度是一件看似简单的事情。但是，综合考虑到用户的需求、设备的限制、生产的异常、取样的需求、设备的误差、合同量完成情况等因素的变化，计算就会变得相当复杂。这时，人们就希望通过计算机来完成计算。要完成这样的计算，就要把相关的知识变成工业 APP 或软件。传统上，这种 APP 在钢铁业称为"数学模型"。

把这些与钢铁领域相关的知识特征化后，完成各种特征量之间的关系定义和建模，就可以使用工业技术软件化手段形成钢铁行业的工业 APP 了，应用这些领域知识驱动工艺设备可完成钢铁生产过程中的各种活动。

在现代化的钢铁企业，人们逐渐认识到：这些承载钢铁行业知识的模型（工业 APP）是企业的核心技术，有些模型（工业 APP）的市场价格数以百万元计，国外的企业甚至还要将其与设备捆绑销售。随着技术的进步，企业中采用的模型（工业 APP）也会越来越多。

钢铁行业典型的工业 APP 应用

（1）连铸关键工艺参数计算 APP

连铸是将液态钢水变成固态钢坯的过程，在这个过程中需要设定若干关键工艺参数。某厂接到国外一个很大的订单，且对质量要求特别严格。于是，该企业选择了一条设备状态最好的连铸产线来组织生产。该产线的设备和工艺参数都是从国外引进的。然而，人们却发现：最初生产的连铸坯内部质量不能满足客户的要求。经过不断的工艺参数调整，最初生产的 6000 吨钢只有一半符合标准，损失巨大。

这时，企业的技术人员想起在另外一条产线上，工艺参数是靠自主研发的 APP 计算的，如图 5-29 所示，于是，就使用该 APP 为这条产线计算工艺参数。经过计算发现：国外给定的参数表误差非常大，远远超出了人们的预想。此后，按照中方模型计算的结果组织生产，连铸坯内部质量完全合格。

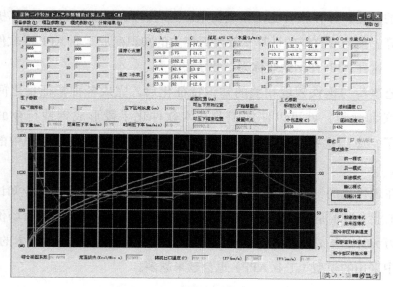

图 5-29　连铸工艺参数辅助计算工具

（2）热轧力学性能设计与优化 APP

热轧是我国产量最大的钢铁产品大类，用户和种类繁多，为生产组织带来了极大的不便。为了改善这种情况，人们希望优化成分和工艺，以最经济的生产方式来组织生产。

但是，调整成分和工艺可能会带来相应的风险，包括产品不合格降级、影响交货等。于是，很多企业宁愿采用保守的办法：只要历史上该方法成功了，就按照这种做法来做，而不再进行进一步的优化。

经过十多年的努力，中国企业研制出一套"热轧力学性能设计与优化模型"，如图 5-30 所示，根据这套模型形成的 APP 能够准确地估算出成分或工艺优化带来的性能变化。经验丰富的材料专家利用这套模型，大胆地对几十个产品的成分和工艺进行了优化，使得每年降低的成本达到 2000 万元以上。

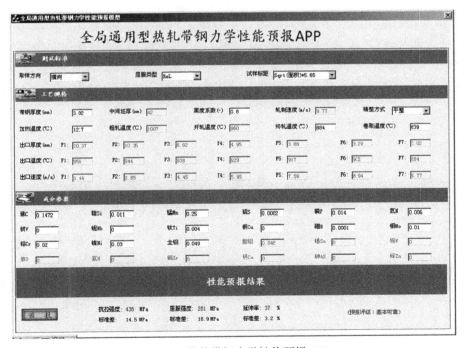

图 5-30　热轧带钢力学性能预报 APP

钢铁行业的工业 APP 应用可以在很多环节推广普及，产品设计和优化环节是重点的拓展方向。比如，钢铁成分标准和配比调整、工艺参数借鉴与调整等。目前钢铁行业的大多数高端设备都依赖进口，而被打包销售进来的这些高端设备背后所隐藏的工业技术知识（通常以软件形式存在）并不会对我们开放，因此，总结行业领域知识，形成符合企业实际情况的各种工业 APP，是打破技术壁垒和突破封锁的关键。

第六章

工业 APP 驱动制造业核心价值向设计端迁移

1985年哈佛大学的迈克尔·波特（Michael Porter）首次提出价值链的概念。迈克尔·波特认为，每一个企业都是在设计、生产、销售、发送和辅助其产品的过程中进行种种活动的集合体，而所有这些活动可以用一个价值链来表明。从价值链的定义来看，价值链主要针对企业在生产经营中的各种活动，或者是上下游企业之间的价值联系，而企业与企业之间的竞争实际上是整个价值链的竞争。

价值链竞争的经典表现就是如图6-1所示的"微笑曲线"。在微笑曲线所表示的产业链中，产业的附加值主要分布在微笑曲线的两端——设计和销售，而中间环节——加工制造的产业附加值最低。

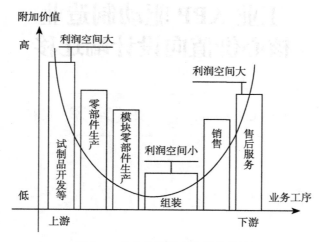

图6-1 产业价值链上的微笑曲线

从产业链的分布来看，以iPhone为例，其产品设计在美国，关键零部件的生产在日本，由韩国制造核心芯片和显示屏，再由中国台湾厂商供应另外一些零部件，然后在中国大陆的富士康工厂内组装完成，最后卖到全球各地。

从价值链的分布来看，盈利能力最强的供应链参与者都集中在美国，苹果公司将最有价值的工作，包括其产品设计、软件开发、产品管理、市场营销和其他高价值分工都留在了美国的总部或附近，从而保证了苹果公司的高利润.

中国大陆的供应厂商都在供应链底层,很多仅仅是二级甚至三级供应链参与者,目前处于产业链的弱势地位。虽然中国供应商众多,但参与部分往往都在供应链最底层,很少涉及核心部件,做着技术含量最低的人力组装工作,生产着可替代性最强的附属配件。⊖

"中国制造大而不强",的确,有的产量非常大,营业收入也非常高,但是产值和利润都非常低⊜。2015年,在全球工程机械制造商排行榜上,11家中国企业的营业利润仅相当于6家美国企业的8%;11家中国制造企业的利润相当于11家日本企业的11%,但总资产却是日本企业的1.2倍。根据机械工业联合会统计,目前发达国家新产品贡献率为52%,我国仅为5.9%,在核心技术方面具有独立自主知识产权的产品少,克隆产品多。

中国目前虽然是制造业大国,但远远不是制造业强国,在很多高端核心技术领域还存在很大差距,发动机、高端机床、紧密轴承、机器人、钢铁轧辊、集成电路、半导体生产设备、汽车零部件等制造业大部分的核心部件都依赖进口。工信部资料显示,我国高端芯片与通用芯片的对外依存度高达95%,也即几乎95%的高档数控系统、高档液压件和发动机等都依靠进口。

我国大中型工业企业的研发费用不足主营业务收入的1%,远低于发达国家2.5%的平均水平。在研发经费的拨付、研发人员的配备上,我国都与发达国家存在较大差距。科技创新的不足直接影响着制造业技术水平的提升,而研发投入不足则是导致研发水平低下与技术创新不活跃的关键性因素⊜。

⊖ 张守哲. 苹果公司的竞争战略1.0版——如何控制产业价值链?[OL]. http://blog.sina.com.cn/s/blog_536c16630102wk99.html.

⊜ 宁南山. 中国哪些产业和世界制造强国差距最大[OL]. https://lt.cjdby.net/thread-2387837-1-1.html.

⊜ 宁南山. 中国哪些产业和世界制造强国差距最大[OL]. https://lt.cjdby.net/thread-2387837-1-1.html.

《中国制造2025》为中国制造业提出了很多亟待解决的课题：如何将中国制造大国快速推进到制造强国，从中国制造步入中国创造，提升设计端在整个制造业的核心价值比例？工业APP给我们提供了一个非常好的思路，通过工业APP沉淀工业技术知识，提升制造业整体水平，用工业APP驱动制造业核心价值向设计端迁移，从中国制造向中国创造进发。

从中国制造到中国创造

随着新一轮工业革命的兴起,发达国家的制造业战略从单纯控制技术转向控制全球工业技术生态系统。西门子、达索、GE 等公司大力推动工业技术的平台化战略,利用他们在基础软件和设备上的垄断优势,计划将他们的工业技术平台推广到我国的各行各业,并进一步迫使我们将工业技术和工业数据沉淀在他们的平台上,继续保持单向信息透明。

西方发达国家"控制全球工业生态系统"的目的一旦实现,也即意味着我们未来的发展路径被人主宰,未来的发展空间被完全限制,中国制造业就可能被一直定格在"中国制造"。

波音、空客等企业长期在各种商业软件上进行二次开发,逐步沉淀了大量工程技术和知识,最终形成的工业技术软件与商业软件紧密融合,无法分离。

我国制造业长期以引进和跟随为主,短期内无法摆脱国外商业软件和设备,尤其是核心的 CAD、CAE、PDM 软件及高端数控装备,即使全面采用相同的商业软件,由于缺乏在这些商业软件上形成的工业技术知识沉淀,还需要极大的投入以实现工业技术软件化,这实际上是一种变相的技术壁垒,也是我们一直无法建立工业技术软件体系的重要原因。

我国在基础工业软件、数据、知识沉淀、平台建设、信息集成等方面存在严重不足。我们需要找准问题，针对这些差距下大力气攻关，解决技术难题，才能形成有效解决问题的办法。

1. 核心技术和数据被变相控制

随着德、美等国对工业软件、智能工厂、工业互联网、工业大数据的大力宣传，西门子、SAP、达索、GE、PTC 等公司的软件和设备也快速进入我国的军工装备、民用制造等各个行业，由于缺乏自主的工业技术软件体系，我们的核心技术和数据面临被国外控制的巨大风险。

以海尔最新的胶州互联工厂为例，它实现了全价值链集成和自动化生产，用户可以个性化定制产品，甚至可以直接下单生产，展示了新一代智能工厂的形态。但是该工厂的后台核心系统一个来自西门子，一个来自 SAP，一个来自 GE。由于工程技术和工程数据闭锁在西门子、SAP、GE 的系统中，后续技术改进必须依赖这些外商来进行二次开发，导致海尔的核心技术和数据实际上被这些外商变相控制。在 GE 等公司积极倡导的工业互联网革命中，如果我们进一步将工厂和产品连接到他们的工业互联网平台上，那么就意味着我们的"躯体"连接到他们的"工业大脑"上，工业技术和工业数据将会沉淀在这个平台上，他们的"工业大脑"会越来越聪明，而我们的制造业将会越来越空心化。而在军工行业，达索已经渗透到飞机、舰船、电子行业，西门子正逐步控制发动机、航天、兵器、核工业，严重威胁到我国国防技术的安全。

2. 未来发展路径和空间受到极大限制

德、美等制造强国的工业技术软件化经过长期、渐进的发展后，工业企业长期在各种商业软件上进行二次开发，逐步沉淀了大量工程技术和知识，最终形成的工业技术知识（这种知识通过二次开发已经软件化）与商业基础软件高度耦合，无法分离。这形成了严重的技术壁垒，是造成我们一直无法建立自己完整的工业技术软件体系的重要原因。

这种"二次开发"形式的知识沉淀或者说工业技术软件化方式，人为地将我们绑在了国外基础工业软件的战车上，这种高度耦合的工业技术知识极大地束缚了我们自己的知识重用空间，让未来发展空间受到极大的限制。

3. 核心技术知识沉淀与固化严重缺失

我国制造业增加值位居世界第一，使用的软件和设备也是世界一流，但是我们却创造不出世界一流的产品。将工业技术转化成工业APP，正是我们与德、美等制造强国最重要的差距。关于著名的波音777无纸化制造，波音公司介绍的只是CAD、CAE和PDM等通用技术，但是当我们大量引进CAD、CAE、PDM这些技术后才发现，没有背后数千种包含工业技术的应用程序与软件，我们根本达不到波音公司的飞机研制水平。过去的20年间，我们引进了几乎国外所有的先进软件和设备，但是由于买不来他们的工业技术，导致我们无法建立一流的工业能力，创新设计水平严重不足，只能沦为全球制造业价值链的下游加工厂。

另外，由于我们长期忽视工业技术的沉淀与固化，也就是工业技术软件化的建设，使得工业化进程中产生的许多核心技术和知识产权无法持续积累、有效保护和充分利用。这些核心技术和知识经验散落在各个企业，闭锁在技术人员头脑中，无法积累、整合和重用，并且随着人员的流动而不断耗散和流失。

再者，缺乏系统性的规划建设与有效的技术转化。

国内软件业和制造业融合程度不高，大型制造企业缺乏主动布局，纯软件企业向工业软件企业转型难度大。纯软件企业进入工业软件领域存在天然专业技术屏障，工业软件不同于普通网络应用软件，是工业流程和技术的程序化封装，背后需要工业流程和庞大技术数据作支撑，这绝非纯软件公司单独所能为。目前国内大型制造企业缺乏对智能制造时代工业软件重要性的深度理解和认识，习惯于购买和应用国外企业的工业软件，不会主动布局和加强对企业关键核心工艺流程、工艺和技术的软件化封装，来提高工艺数据应用的便捷性和工业核心技术输出的安全保障。

针对发达国家在工具与工业技术上的垄断优势，突破他们"工具带平台、平台统技术"的战略布局，我们需要配合工程中间件平台的建设，加快制定工业技术软件化的标准体系，在软件接口、工程中间件、工业APP上形成我国的标准规范，从而实现工业技术软件与工业APP体系的自主可控。要利用我国工业体系完整、应用场景多样、市场规模庞大等天然优势，将我们的工业技术软件与工业APP市场转化为我们的议价权，甚至进一步变为全球竞争的利器，在新一轮产业格局调整中占据有利位置，形成国际竞争力。

中央政策研究室经济局原副局长、中国经济研究院院长白津夫指出，工业技术软件化是中国能否在第四次工业革命中抢得先机，乃至超越的重要砝码。无论是互联网化还是智能化，都是由软件定义的，工业技术软件化驱动了产业变革。⊖

⊖ 姚冬琴. 第四次工业革命来袭，呼唤中国的"工业安卓"[J]. 中国经济周刊，2017（8）.

推动制造业核心价值向设计端迁移

工业化的本质是要实现"产业升级",产业升级不是把人换成机器,产业升级是要提升产品中的技术和设计价值比例,不是仅仅体现微薄的劳动力价值,而是将制造业价值比例向设计端迁移。

举一个例子,苹果手机很多人都在使用,我们看到中国组织了苹果手机的全部生产,但是它在整个产业价值链上的一个占比如图 6-2 所示,只有 4%。这里面最关键的是技术,只有在研发设计领域占有技术的优势,我们才能真正占有价值链的核心位置。

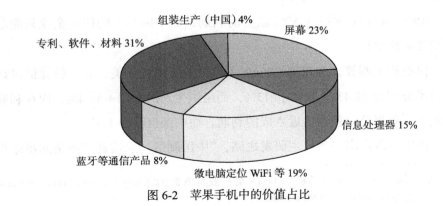

图 6-2　苹果手机中的价值占比

这里不得不提到的一个观点就是工业领域的"加法"和"减法"。生产运维很多都是在做减法。由于减法的被减数是一定的，这就是减法的天花板。人们通过不同的方法把减数不断缩小，可是不管再怎么减，始终也不可能突破被减数这个天花板，腾挪的空间始终都是有限的。

但是，研发设计是在做加法，我们知道70%～80%的产品的价值和质量，包括它未来的成本等，都是在产品设计阶段确定的，研发上1%的投入都可能带来整个产品价值的成倍增加。所以如果真的要做产业的升级，那么就一定要把制造业的核心价值向设计端迁移，通过工业APP可以驱动中国制造的整个核心价值向设计端迁移。

苹果公司负责设计、技术监控和市场销售，而所有生成加工环节都以"委托生产"方式，外包给遍布世界各地的下游制造商——"我们动脑，他们流汗；我们出思想，他们卖体力"。⊖

根据调查，从美国进口一部在中国组装的iPhone手机是178.96美元（实际零售价在此价格两倍以上），其中闪存（24美元）和屏幕（35美元）是在日本生产的；信息处理器和相关零部件（23美元）是在韩国制造的，全球定位系统、微电脑、摄像机、WiFi无线产品等（30美元）是德国制造的；蓝牙、录音零件和通信技术产品（12美元）是美国制造的。此外，材料、软件许可证和专利费用接近48美元。最后算下来，在中国组装生产环节的费用不过只有可怜的6.5美元！

iPad、iPhone保持着50%以上的利润，而中国本土的代工企业只能拿到约2%的微利。

根据相关测算，在每部iPhone手机价值贡献中，美、日、韩凭借设计和技术分别为49.4%、34%和13%，而组织生产的中国不到4%。而在利润分配中，苹果公司就独占近六成的利润，而中国仅获得1.8%。

如果不能走出一条自主研发之路，"中国制造"永远都只能是亦步亦趋

⊖ eyongmiao07.苹果手机（iPhone）的产业价值链[OL]. https://wenku.baidu.com/view/23238a10ba0d4a7303763ab1.html.

的跟从者。自主研发才是中国制造强国的根本保证。

中国设计应提升中国制造的智力成本，技术能力是骨骼，制造能力是肌肉，设计就是给躯体注入灵魂，这样一个产品或品牌才有永久的生命力。⊖

正如中国工业设计协会理事长朱焘所言：中国制造从拼数量、拼规模，到拼质量、拼价格，终于在世界市场占有一席之地。现在老路走不下去了，要拼技术、拼设计，这决定着中国经济的未来。

被称为"新商业教父"的美国企业营销大师汤姆·彼得斯说：要在不断增加"智力资本"的前提下构建起我们的价值链。

所有的产品设计都存在一个相似的规律，70%重用过去的设计，20%对过去的设计进行改进和修正，10%的部分属于创新。当我们把过去的流程、数据、模型、经验与知识抽象并形成工业APP后，我们可以重用和改进修正的部分就会越来越多，我们的设计起点就越来越高，产品的附加值也会越来越高，设计端在价值链的比重也会逐渐攀升，从而推动整合价值链的比重向设计端迁移。

⊖ eyongmiao07. 苹果手机（iPhone）的产业价值链[OL]. https://wenku.baidu.com/view/23238a10ba0d4a7303763ab1.html.

工业 APP 与新技术融合促进数字工业发展

随着信息技术的不断发展，新技术不断出现，工业 APP 与这些新技术的融合将进一步促进数字工业发展，在这些技术中，语义技术、机器学习和 5G 通信技术成为热点。

工业 APP 与语义集成促进数字工业知识智能匹配

工业 APP 与工业互联网的智能化是指将人机工作环境、人和机器的关系转变成一种人机合作方式。通过工业互联网平台连接驱动各种软件、设备、硬件，从而建立知识体系，通过机器学习的方式进行资料的学习和处理，形成智能顾问，以及知识的模型化（也叫机器智能）。

将语义技术集成到工业领域，将产品对象全生命周期数据进行语义集成，按照词、分、用、代、参等方式定义工业产品对象数据及语义关系，给工业 APP 增加语义背板。

通过语义背板让未来的工业互联网平台具有智能，平台可以根据语义分析需求，判断平台中哪些资源最符合需求，从而根据需求实现自适应产品研制资源匹配、设施设备匹配、制造能力匹配、知识匹配、服务匹配以及产品匹配，实现平台的智能运行。

以领域知识结构网络（专业语义网）为基础，依托领域大数据，结合自然语言处理（NLP）技术，构建专业语义网及语义通信标准，为工业企业提供真正可用的人工智能技术，辅助各专业系统的运行及沟通，实现物、信、人的高效连通及运行，构建由人工专家监督和修正，机器自管理、自运行的生态系统。工业 APP 与语义集成后，可以实现以下应用。

1. 工业 APP 语义搜索服务

工业 APP 语义搜索是指工业互联网搜索引擎的工作不再拘泥于用户所输入请求语句的字面本身，而是透过现象看本质，准确地捕捉到用户所输入语句后面的真正意图，并以此来开展工业 APP 搜索，从而更准确地向用户返回最符合其需求的工业 APP 结果。

2. 分析决策服务

主要包括问题分析、推理机、答案抽取、搜索、多轮问答、专家推荐等。可以根据对问题的分析结果判断哪一个工业 APP 最适合解决该问题。

3. 自动问答服务

有针对性地凝聚了特定领域（应用）的知识、知识结构、模型、专家和工具，通过 3 种模式无缝衔接，解决具体问题：①基于智能推理的自动问答（纵向）；②基于其他机构问答系统的解答（横向）；③基于人工专家的解答。

4. 智能推荐服务

主要是根据当前所执行的任务背景、上下文以及约束，判断用户当前的关注点，推荐潜在的满足特定任务需求的工业 APP。

机器学习结合工业 APP 促进工业知识整合和自我进化

基于大数据，通过机器学习与工业 APP 相结合，将整体论与还原论融合，促进数字工业的技术知识快速沉淀与整合，实现工业技术知识的不断优化和自我进化。

工业大数据将是未来机器学习的基础。我们周边的事物都开始数据化，大数据时代正在快速地悄然向我们走来。无论中国制造业企业的现状如何，各种工业技术、知识的数据表达都以纸介质或者数字化形式存在于企业中，如需求、指标、设计规范、设计计算报告、三维设计模型、设计图纸、仿真分析模型与计算结果、工艺文件、质量数据、故障数据、运行数据等，它们也直接反映了产品的技术属性（如设计和工艺等）和辅助属性（如企业、设计者、制造者、用户、市场、质量、地域、供应链等），所以必须原貌地反映它，以便通过日后的知识工程加以诊断和应用，从而为使企业获益和改进打好基础。行业/企业的原始数据越多，就越可能形成专业"大数据"。之前 99% 的机会是基于信息差，也就是信息不对称；而未来 100% 的机会将是基于数据分析[⊖]。

如图 6-3 所示，这里所说的工业大数据是以产品为对象，面向产品的研发、设计、制造、试验、运行以及管理等相关环节进行统一规划、存储、管理和使用的数据，同时还包括人在产品对象的研发、设计、制造、试验与运行等过程中的行为数据。产品对象包含了不同颗粒度的企业所有自制或外协的产品、部件、零件以及相应的使能产品。围绕这些产品对象的工程大数据包括：工程产品开发过程中各类 BOM 数据，不同类型 BOM 之间的关联信息，基于多学科的产品仿真计算数据以及关联信息，试验数据以及设计 - 试验闭环数据，运行调测数据，项目管理数据，产品质量数据，产品制造数据，外协、采购与库存数据，产品运行评价数据，产品售后服务与维修保障数据，产品技术状态等，涵盖产品全生命周期技术、管理以及使能的相关数据信息。基于这些工业大数据开展机器学习，挖掘与整合知识，并不断进行知识的完善与优化。图 6-4 描述了通过对产品对象全生命周期数据进行整合与挖掘，基于工业大数据的机器学习结果与工业 APP

⊖ 设计创新趋势与商业决策大数据分析平台 [J]. 中国大数据产业观察，2015.

相结合，不断地促进工业 APP 的自我优化与进化的过程。

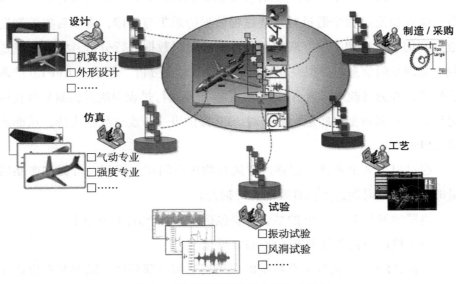

图 6-3 以产品对象组织的工业大数据

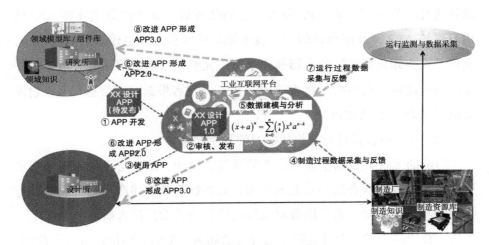

图 6-4 基于全生命周期大数据的工业 APP 进化过程

基于工业大数据开展机器学习并与工业 APP 结合实现自我优化与进化大致可以包含 8 个步骤：①按照工业 APP 生命周期过程，完成工业技术知识的定义与 APP 开发实现；②经过审核、发布形成 APP1.0；③在设计中应用工业 APP 构建相应的对象并完成设计工作，将设计结果交付到制造环节；④在制造过程中通过对制造过程数据的采集与反馈，将该对象的制造数据和信息反馈到工业互联网平台；⑤通过对数据进行分析，完成制造过程中物理空间信息与虚拟空间数据的建模、对比分析，形成对 APP1.0 的改进信息；⑥通过改进形成 APP2.0；⑦在产品运行过程中通过检测平台获得运行数据；⑧根据这些运行数据对 APP 提供进一步改进数据支持，从而形成 APP3.0。

通过以上 8 个步骤，在赛博空间与物理空间建立闭环，可促进产品质量的改进，同时促进产品开发能力的提升。

机器学习与工业 APP 的结合主要包括以下两个方面的应用。

（1）机器强化学习促进工业 APP 进化

工业 APP 的应用要结合特定的应用场景和外部环境。随着对事物认知信息的不断丰富，以及外部环境的变化，工业 APP 所承载的知识也需要不断地进化。当使用工业 APP 完成特定的任务后，基于任务主体即 APP 使用者对该 APP 及其所承载的工业技术知识的评价、改进建议等响应结果，实现"人在知识环路"的机器强化学习，完整记录响应痕迹和分析结果并提出改进建议，反馈给工业 APP 开发者，开发者根据响应信息和改进建议完成对工业 APP 的改进。

（2）基于群体设计行为机器学习的智能设计

当前的工业大数据主要是以产品研发、设计、制造与运维过程中所产生的各种过程和状态结果数据为基础，大多数都是描述产品本身的各种行为活动与状态结果。未来随着对人的设计行为活动的深入研究，将产生一种以人在产品研发和设计过程中的行为活动为对象的群体设计行为大数据。通过记录和采集每一个工程设计人员在产品研发和设计过程中的各种设计行为，基于群体设计行为大数据，结合由此形成的产品过程（包括设计过程、仿真分析过程、制造过程、运行维护过程）和状态数据，通过机器学习，挖掘人在产品研发和设计过程中的知识，形成最佳设计实践 APP，完成产品的智能设计。

这种对人的行为的研究与数据挖掘、在产品使用过程中的习惯和偏好分析，以及由此形成的各种推荐应用在产品营销等领域已经有所尝试，但在产品的研发设计与制造领域还是一种创新。这种基于群体设计行为的机器学习，将人的行为数据纳入大数据中，由于人的设计智慧、知识与经验将最终通过各种不同的设计行为活动显性地展示出来，因此捕获这种设计行为活动并展开分析与挖掘，将是当前最接近人的设计智慧的一种应用。

5G 时代的工业 APP 加速数字工业互联互操作

作为一种通用目的技术，5G 技术的发展及商用必将会深刻影响工业生产和工业服务，工业界的客户在拥抱这种变化时也会不断探索，形成很多问题场景和技术能力升级需求，这些都有可能形成对我们至关重要的业务机会。

不管是工业互联网还是智能制造，都是在描述由新工业革命催生的端到端制造生态系统。新工业革命带来的变化是让传统的工厂制造金字塔解体，并基于信息物理系统重塑生产制造的方式。信息物理系统是一个网络系统，我们现在都知道至少有两张网：一是移动互联网，是面向人的，使用户能够随时随地获取和发送数据；二是物联网，是面向物的，使产品、设备、材料乃至工厂能够随时随地获取和发送数据。5G 移动通信系统正是为了应对 2020 年左右移动互联网和物联网对网络基础设施的需求而发展起来的，到了那个时候，会有很多工业互联网平台和智能工厂运行在由 5G 技术支持的承载网上。

5G 提出的一个愿景是以用户为中心构建全方位的信息生态系统，这里的用户当然也包括工业知识工作者。在 5G 切片技术的支持下，可以在统一的网络基础设施平台上虚拟地定义多种相互独立的网络空间，这意味着产品生命周期各环节的知识工作者可以根据角色和工作内容定制专用信息网络及应用，使其更加专注于自身业务专长的积累，发展更高级的创造性、开放性和企业家精神，这也是工业 APP 的一个发展方向⊖。5G 移动互联网能够为用户提供移动设计、增强现实、虚拟现实、超高清视频、移动云计算等更加极致的业务体验，这将带来个性化定制、远程监控、远程运维、智能产品服务等各种新的业务模式，催生新的工作方式和服务。5G 技术的支持下，远程医疗、车联网、智能家居、众包协同设计、工业控制、环境监测等领域将会迎来物联网应用的爆炸性增长，这里面蕴藏着工业 APP 的巨大机会。

《5G 愿景与需求白皮书》的研究结果显示，在端到端时延方面，4G 技术的指标大约是数百毫秒，而 5G 技术的指标是 2～4 毫秒，5G 技术在实时性方面提高了 100 倍左右，这将给高速运动机构的控制精度带来显著影响。再比如说对虚拟现实体验的影响，当带宽从 4G 的 25Mbit/s 提高到 5G 的 3.5GMbit/s 时，VR 的时延从 35ms 降低到 5ms 以下，这就能够满足强交互 VR/AR 实时渲染生成画面的要求，在边缘计算能力的支持下，也满足云 VR/AR 的毫秒级时延需求。

4G 时代相当于是网络效应叠加到知识生产上，知识（内容）得到了爆炸性的增长，但知识是否能转化成行动，是否能对"物理"产生影响呢？单凭互联网无法回答这样的问题。5G 时代是物联网，不仅产品可以联网，生产设备也可以联网，用户和生产者之间能够建立起实时数据驱动的反馈回路，这将对生产方式产生深远的影响，开启"设计"权力与主体从厂商向用户的转移。比如在 4G 时代，我们很难想象通过移动设备来做设计。我们在移动端看到的设计 APP，大多数是以"轻量化"显示为基础的，无法通过网络进行设计模型的加载和渲染。但是在 5G 时代，我们很可能迎来拥有全部功能的移动端设计 APP，这将带来全新的协同设计体验。

⊖ 2020 年 5G 确保商用，智能交通等将率先受益 [J]. 中国经济周刊，2018（34）.

5G 在 AR/VR 和移动云计算方面的应用充满期待，这将为研发型工业 APP 创造丰富的机会，促进工业互联网核心价值向设计端转移。其中最主要的原因在于，在赛博空间中描述对象的模型，比如数字孪生，都是很"重"的，其高计算能力和高带宽传输需求只有在 5G 时代才能够在工业 APP 里实现，驱动产品生命周期各阶段的活动。此外，通过 5G 实现边缘端计算能力组网，使赛博（C）和物理（P）真正融合。在 5G 网络的支持下，AR/VR 技术用于产品的辅助设计和协同设计，能够创造很多令人眼前一亮的设计场景。在 5G 时代，使用 APP 在移动端完成产品设计、分析等生命周期活动将成为现实。

后　记

2017年6月29日北京软博会召开了第一次工业技术软件化论坛，自该论坛之后，在工信部信软司和各界人士的支持下，工业技术软件化事业取得了很大的进展。百万工业APP写入了政府文件，2017年12月15日还成立了工业技术软件化产业联盟，各级地方政府、工业园区、工业企业都已经充分地认识到工业APP对于中国制造业的重要性。

曾担任宝钢技术副厂长的何麟生先生自称是宝钢的"首席知识官"（CKO）。他甚至认为："一个企业可以没有CTO，也可以没有CIO，但一定要有CKO。"从这句话可见工业技术知识对于企业的重要性。作为工业技术知识的载体，以及从目前在企业中的应用实践结果来看，工业APP在推动企业产品研发设计、生产制造、运维保障以及管理等方面具有非常明显的效果。

但是，目前业界对于工业APP的认识不够深入，对概念的理解也不统一，还存在一些系统性、体系性问题，这会给工业APP生态的培育带来很多不利影响，在这里重点说明以下几点：

1）工业APP和工业软件从来就不仅仅是软件，工业技术知识才是其中的核心，IT人要做的就是让工业人所掌握的工业技术知识更好、更高效地在工业APP或工业软件中沉淀下来并广泛应用。IT人的过度热心，以及工业人的关注度不够，都不利于工业APP或工业软件的形成，工业APP是工业技术和信息技术的深度融合的结果，需要工业人和IT人共同努力。

我国软件从业人员大约五六百万，工程技术人才约4500万，这是两个不同量级的人群。工业 APP 和工业技术软件化主要针对的人群是 4500 万工程技术人才——不是给软件人员提供一个软件开发平台让他们去做工业 APP，而是为 4500 万人提供一个平台化工具，把他们脑袋里面的工业技术知识描述和固化下来。

2）对研发和设计环节的重视不够。也许是因为研发比较难，也许是不懂，或者是要赶风口挣快钱又或者是长期遗留下来的"研发在外"的痼疾，业界对于工业 APP 在产品研发和设计环节的认识和研究还停留在比较粗浅的表层，各种文件和白皮书对研发和设计环节往往失言，或缺乏笔墨、缺乏重视。研发人员都知道，越早发现问题并正视问题，修正问题的代价越低，越往后修正问题的代价将呈几何级数增长。忽视中国制造业在研发环节能力缺失的问题并不等于问题不存在，自主研发早晚都是中国制造业必须要迈过的一道坎。在这一点上，很多工业企业已经有很深刻的领悟并采取了积极行动，但还有不少人在"装睡"。

3）对于工业 APP 生态的形成，政策引导很关键。比如，在职称和职业资格认定、人才培养、知识产权认定与保护等方面，好的政策措施将会极大地激发工业人开发工业 APP 的积极性。我国一直以论文作为职称评定的关键要素，如果能够把工业 APP 等同于论文并纳入职称评定体系中，配合相关的知识产权认定和保护政策，相信会有越来越多的工程师和工业人踊跃地开发各种实用的工业 APP。

4）人才培养非常关键，要让工业 APP 走进高校课堂。过去很多高校在研究生阶段还开设有限元课程，做一些算法研究，现在绝大多数高校都是使用国外的商业仿真软件，只需要完成某个对象的仿真计算，这样将距离基础研究和工业技术越来越远。

上述这些问题在书中都有提及，但本书主要是正向阐述工业 APP 的各项特征和属性，对于业界在工业 APP 概念认识方面的欠缺没有过多描述。以上重点说明了几点不足，希望能够引起各界重视。

工业 APP 是工业技术和信息技术的深度融合的产物，因此，随着新技术的不断发展，将会有越来越多的工业技术、信息技术融合到工业 APP 中来。本书的末尾简单介绍了工业 APP 同语义集成、机器学习以及 5G 技术的结合与应用分析，未来还有更多的新兴技术可以结合到工业 APP 生态中，这一点值得更多的学者和读者进一步深入研究。

工业 APP 的开发与应用往往是多个领域的知识融合过程，也是个体知识深化的过程，因此跨专业、跨领域的人才也就显得越发重要。

工业 APP 的应用与推进，以及 APP 生态的建设，需要克服很多不利因素的影响，在推进过程中我们必须意识到：推进的阻力不仅来自于技术本身，观念和管理制度的落后更是阻碍工业 APP 发展的重要原因。企业家和工程技术人员不要幻想哪一个平台能够提供全部现成的 APP，而要有敢于从头开始的气魄。流程梳理、知识整理与抽取、知识的特征化定义以及建模对于工业 APP 来说都是必须要做的，这些都需要全社会不同领域的人才共同参与。

中国工业技术软件化产业联盟常务副秘书长　阎丽娟

2019 年 2 月 10 日

参考文献

[1] 国务院关于深化"互联网+先进制造业"发展工业互联网的指导意见 [OL]. http://www.miit.gov.cn/n1146290/n4388791/c5930249/content.html.

[2] 工业和信息化部信息化和软件服务业司. 工业互联网 APP 培育工程实施方案（2018—2020 年）[OL]. http://www.miit.gov.cn/n1146290/n4388791/c6169114/content.html.

[3] 国家互联网信息办公室. 数字中国建设发展报告（2017 年）[OL]. http://www.sohu.com/a/231552993_118392.

[4] Don Tapscott. The Digital Economy: Promise and Peril In The Age of Networked Intelligence[M]. McGraw-Hill, 1997.

[5] G20 数字经济发展与合作倡议 [OL]. http://www.g20chn.org/hywj/dncgwj/201609/t20160920_3474.html.

[6] 中国信息通信研究院. 中国数字经济发展白皮书 [R]. 2017.

[7] NGMTI team.Next-Generation Manufacturing Technology Initiative [R]. 2005.

[8] 王滢波. 美国商务部数字经济咨询委员会：数字经济的度量 [OL]. https://www.sohu.com/a/161206740_731643.

[9] 刘晶晶. 得数据者得天下 [J]. 中国信息化周报，2015（36）.

[10] 阿里研究院.2018 全球数字经济发展指数 [OL]. http://www.cbdio.com/BigData/2018-09/20/content_5842460.htm.

[11] 王云后. 中国工业软件发展现状与趋势 [J]. 中国工业评论，2018（2-3）：58-63.

[12] 王镓垠.2014 年中国机床电子市场 [J]. 装备制造，2014（12）.

[13] 薛鹏程. 数控加工技术现状和发展趋势研究 [J]. 科技经济导刊，2018，26（35）：71.

[14] 麦肯锡. 数字时代的中国：打造具有全球竞争力的新经济 [R]. 2017.

[15] "数字中国"迈向 3.0 时代——访工信部信息中心李德文 [OL]. http://www.bigdatamag.cn/jdrw/3599.jhtml.

[16] 森德勒. 工业 4.0：即将来袭的第四次工业革命 [M]. 邓敏，李现尾，译. 北京：机械工业出版社，2014.

[17] Mark J Cotteleer, Stuart Trouton, et al. 3D opportunity and the digital thread: Additive manufacturing ties it all together [C]. Deloitte insights, 2016.

[18] 李红. 数字化转型重塑企业信息化使命 [OL]. http://www.ciotimes.com/index.php?m=content&C=index&a=show&catid=220&id=133047.

[19] Intentional Software Corporation.AVM iFAB Intentional Software, Closed Loop Analysis with Meta-Language Program (CLAMP) [R]. 2012.

[20] Office of Deputy Assistant Secretary of Defense for Systems Engineering. Digital Engineering Strategy[R]. 2018.

[21] GE, MIT Building Crowdsourcing Software Platform to Revolutionize Product Design and Manufacturing [OL]. https://www.businesswire.com/news/home/20120405006106/en/G.

[22] 林雪萍，赵敏. 工业软件黎明静悄悄："失落的三十年"工业软件史 [OL]. http://www.sohu.com/a/214139579_290901.

[23] 怀进鹏. 工业技术软件化是制造业强国必由之路 [OL]. http://scitech.people.com.cn/n1/2016/0924/c59405-28737857.html.

[24] 中国工业技术软件化产业联盟. 工业互联网 APP 发展白皮书 [R]. 2018.

[25] 前瞻产业研究院. 2017—2022 年中国软件行业市场前瞻与投资战略规划分析报告 [R]. 2018.

[26] 赵敏. 工业 APP：工业软件的新形态 [R]. 工业 APP 50 人闭门会，2018.

[27] 专家系统 [EB/OL]. https://baike.baidu.com/item/%E4%B8%93%E5%AE%B6%E7%B3%BB%9F/267819?fr=aladdin.

[28] 国际标准化组织. ISO/IEC/IEEE15288 系统与软件生命周期流程 [S]. 2015.

[29] 杨学山. 工业技术为什么又如何变成软件 [R]. 工业技术软件化专题论坛，北京，2018-12-14.

[30] 于海旭. 齿轮疲劳失效分析与工艺参数优化 [J]. 失效分析与预防，2018,13（3）:189-195.

[31] 北京索为. 工业 APP 案例集 [Z]. 2018.

[32] 孙尚传. 没有自己的工业母机和操作系统，中国工业就没有未来 [OL].http://www.clii.com.cn/lhrh/hyxx/201806/t20180620-3922300.html.

[33] 赵敏. 为工业软件正名 [OL].https://www.sohu.com/a/236419966_680938.

[34] 远洋. 全球最大 EDA 公司 Cadence 内部信流出，停止对中兴服务 [OL]. https://www.ithome.com/html/it/356287.htm.

[35] Nuclearmedia. 突发！美国针对中国核电行业发起禁令 [OL]. https://mp.weixin.qq.com/s/v9yh2xYHc22K22Q7wX2hQA.

[36] 北京索为. 工业 APP 标准体系 [Z]. 2018.

[37] 北京索为. Sysware 技术白皮书 [Z]. 2018.

[38] 张守哲. 苹果公司的竞争战略 1.0 版——如何控制产业价值链？[OL]. http://blog.sina.com.cn/s/blog_536c16630102wk99.html.

[39] 宁南山. 中国哪些产业和世界制造强国差距最大 [OL]. https://lt.cjdby.net/thread-2387837-1-1.html.

[40] 姚冬琴. 第四次工业革命来袭，呼唤中国的"工业安卓" [J]. 中国经济周刊，2017（8）.

[41] eyongmiao07. 苹果手机（iPhone）的产业价值链 [OL]. https://wenku.baidu.com/view/23238a10ba0d4a7303763ab1.html.

[42] 设计创新趋势与商业决策大数据分析平台 [J]. 中国大数据产业观察. 2015.

[43] 2020 年 5G 确保商用，智能交通等将率先受益 [J]. 中国经济周刊，2018（34）.

推荐阅读

机·智:从数字化车间走向智能制造

作者:朱铎先 赵敏 ISBN:978-7-111-60961-2 定价:79.00元

本书创新性地以"取势、明道、优术、利器、实证"五大篇章为主线,为读者次第展开了一幅取新工业革命之大势、明事物趋于智能之常道、优赛博物理系统之巧术、利工业互联网之神器、展数字化车间之实证的智能制造美好画卷。

本书既从顶层设计的视角讨论智能制造的本源、发展趋势与应对战略,首次汇总对比了美德日中智能制造发展战略和参考架构模型,又从落地实施的视角研究智能制造的技术和战术,详细介绍了制造执行系统(MES)与设备物联网等数字化车间建设方法。两个视角,上下呼应,力图体现战略结合战术、理论结合实践的研究成果。对制造企业智能化转型升级具有很强的借鉴与参考价值。